臺灣鄉野藥用植物
Medicinal Plants of Taiwan

第 3 輯
Volume 3

彩色本草大系 3

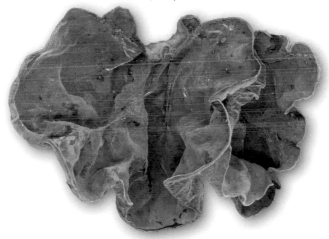

中國醫藥大學博士 黃世勳、洪心容 合著
Edited by Shyh-Shyun Huang, Hsin-Jung Hung

文興出版事業有限公司
Published by Wenhsin Press
中華民國九十九年七月
July, 2010

作者序

時間過得真快,從《臺灣鄉野藥用植物(第 1 輯)》出版以來,至今已過了 6 個年頭,2007 年我們完成了本套書第 2 輯,距離本輯(第 3 輯)的出版時間恰巧又是 3 年,本套書最初規劃撰寫臺灣本產、歸化或引種栽培之藥用植物 2000 種,並以每輯 100 種逐年付梓,但近年來,由於黃藥師授課場次倍增,而洪醫師診所看診繁忙,再加上原本已約稿的書籍又需出版,再再壓縮了我們可編撰《臺灣鄉野藥用植物》的時間,期間有不少讀者打電話或來信詢問第 3 輯的出版進度,但是基於對本套書

的高標準期許,我們只能以緩慢的速度完成第 3 輯,希望這一輯的出版也能滿足期待已久的讀者們。

本輯的最大特色是我們將撰寫的內容延伸到藥用真菌,而近年來臺灣學界對於某些特定大型真菌之藥理研究相當積極,其中以臺灣特有的牛樟芝【*Antrodia camphorata* (M. Zang & C. H. Su) Sheng H. Wu, Ryvarden & T. T. Chang】最為著名,關於牛樟芝的藥用資訊及其研究進展,我們將於第 4 輯中為大家作一個較為完整的整理,而本輯所收錄的簇生鬼傘、

金頂側耳、裂褶菌、雲芝、毛木耳等 5 種，也是臺灣鄉野常見的大型真菌，藉由本輯先介紹給大家認識。

完成本輯時，我們正積極籌組「中華藥用植物學會」，希望透過一個學會的成立能夠結合更多對於「藥用植物研究」有興趣的朋友，而與藥用植物相關的研究課題包含了民間驗方之調查、藥用植物及其藥材之鑑定分類、區域性藥用植物資源之調查、藥用植物活性成分分析、藥用植物的藥理活性研究，甚至是新藥（指從植物中發現具活性的單一化合物）的開發。另外則是透過該學會的運作，推廣正確的藥用植物保健知識給予民眾，尤其是中草藥的用藥

安全觀念宣導，防止民間中草藥的誤食誤用中毒事件再次發生。關於學會的成立，歡迎各界有興趣的同好共襄盛舉，有任何問題可 e-mail：wenhsin.press@msa.hinet.net。

而《臺灣鄉野藥用植物（第 3 輯）》的編寫方式，完全與第 1、2 輯相同，我們將續編第 4 輯，還望各界先進不吝批評指正。

黃世勳、洪心容

於台中市上安中醫診所

2010. 4. 15

目　錄

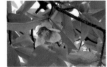

上山採藥裝備

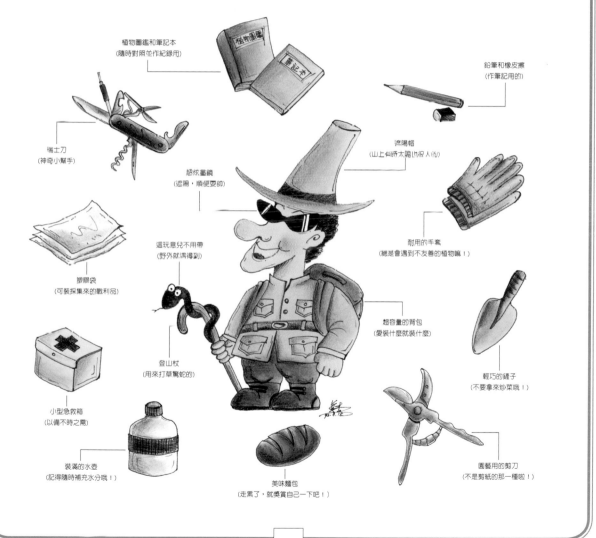

植物圖鑑和筆記本
(隨時對照並作紀錄用)

鉛筆和橡皮擦
(作筆記用的)

瑞士刀
(神奇小幫手)

遮陽帽
(山上有時太陽西很大的)

超炫墨鏡
(遮陽,順便耍帥)

耐用的手套
(總是會遇到不友善的植物嘛!)

塑膠袋
(可裝採集來的戰利品)

這玩意兒不用帶
(野外就撿得到)

超容量的背包
(愛裝什麼就裝什麼)

登山杖
(用來打草驚蛇的)

輕巧的鏟子
(不要拿來炒菜哦!)

小型急救箱
(以備不時之需)

裝滿的水壺
(記得隨時補充水分哦!)

美味麵包
(走累了,就獎賞自己一下吧!)

園藝用的剪刀
(不是剪紙的那一種啦!)

如何使用本書

本書為《臺灣鄉野藥用植物》第3輯，其中收錄臺灣地區野生或栽培之藥用植物，總計43科100種。作者對於書中每種藥用植物儘可能附以多張彩色圖片，希望能針對同一種藥用植物提供多種角度的觀察，以增進讀者們的學習效率。

每種藥用植物依中文名、科名、學名、別名、分布、花期(孢子期、生長期)、形態、藥用、方例、實用、編語各項順序，給予系統說明，使讀者查閱能一目了然。內容編排版面如下，敬請參閱。

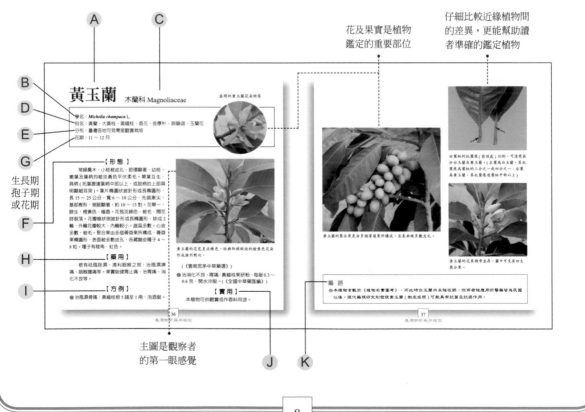

花及果實是植物鑑定的重要部位

仔細比較近緣植物間的差異，更能幫助讀者準確的鑑定植物

A　C

B
D
E
G

生長期
孢子期
或花期

F

H

I

主圖是觀察者的第一眼感覺

J　K

Ⓐ 中文名：採用臺灣地區中醫藥或植物領域相關書籍，較常用之名稱。

Ⓑ 學名：即拉丁文植物學名，其中屬名及種名均用斜體字，命名者用正楷字，又屬名及命名者之第 1 字母均用大寫。

Ⓒ 科名：正楷字，第 1 字母大寫，並附中文。

Ⓓ 別名：植物之別名極多而繁雜，限於篇幅，以臺灣地區慣用者優先採用，其他分散於中國古今名著者，斟酌摘錄。

Ⓔ 分布：敘述以臺灣本島為主。

Ⓕ 形態：記述植物外部形態，明記其為木本、藤本或草本，植株各器官之形狀、大小、數目、顏色等。

Ⓖ 花期：花是辨認植物重要依據，也是植物最具欣賞價值之部位，本書特別將花期列出，以利讀者安排野外觀察時間，但蕨類植物則改載孢子期，而真菌則是生長期。

Ⓗ 藥用：列舉歷代諸家本草所錄各藥用部位之效能，以及臺灣民間經驗之療效。若前述兩者皆無資料，則酌錄外國當地藥用，或摘錄中外論文期刊所載相關研究報告。

Ⓘ 方例：列舉歷代醫書、本草、地方藥誌以及近代相關書籍所傳錄之民間驗方或臨床應用實例，並加入筆者於臺灣鄉野進行田野調查所得之民間驗方。每個方例皆附記出典、地名或提供者。又方例中，藥材若有強調鮮品者，始為鮮用，其餘一律以乾燥品為主。

Ⓙ 實用：將藥用以外，凡該植物對人類有益處之用途盡可能列出。

Ⓚ 編語：作者自覺對該植物有意義之小常識，隨筆紀錄。

本書藥用植物各科之排列，依《臺灣植物誌 (第 2 版)》之順序為主。書末並有中文索引及外文索引，前者依首字筆劃順序排列，後者依首字字母順序排列，以便於檢索。書中參考文獻甚多，限於篇幅，僅將主要的參考文獻列出，以利讀者作延伸閱讀。

附　註

＊本書所用度量單位長度採公制，如公尺、公分、公釐等，其關係如下：

1 公尺＝ 100 公分；1 公分＝ 10 公釐。

＊本書所錄方例用量單位採斤、兩、錢、分等為主，若出現「公分」，此為臺灣民間驗方常用之劑量單位，相當於「克」，其關係如下：

1 斤＝ 16 兩；1 兩＝ 10 錢；1 錢＝ 10 分；1 錢＝ 3.125 克；1 公分＝ 1 克。

簇生鬼傘 鬼傘科 Coprinaceae

學名：*Coprinus disseminatus* (Pers.: Fr.) S. F. Gray
別名：一夜菇、小鋼盔、小仙女帽、墨水菇
分布：臺灣全境低、中海拔闊葉林或庭園內的腐木上
生長期：全年

簇生鬼傘常成群出現

【形態】

數天生，肉質軟脆。菌蓋圓錐至平展形，寬 0.8～1.5 公分，乳白色至淡灰黑色，被覆細毛至光滑，蓋緣具明顯溝紋，成熟後會產生自溶現象。菌肉白色，極薄。菌褶離生，密集，幼時白色，成熟後會產生自溶現象，染成墨黑色。菌柄長 1～2 公分，直徑 0.1 公分，中空，白色，質脆，易斷，光滑。擔孢子梨圓形，黑褐色，平滑，具平截芽孔，孢子印黑色。

【藥用】

Han 等人於 1999 年發現簇生鬼傘菌絲培養液之萃取物，能誘導人類子宮頸癌細胞凋亡。

【實用】

本種可食，但因菇體小且薄，降低了其食用價值。

初生的簇生鬼傘

簇生鬼傘的
菌褶離生，密集。

成熟後的簇生鬼傘開始進行自溶現象

編 語

❋本種之生命週期極短暫，常讓人有種朝生夕死的感覺，故俗稱「一夜菇」。而鬼傘屬 (Coprinus)
菇體的「自溶現象」為其傳宗接代的重要機制，因為鬼傘屬菇類菌褶內的孢子不像其他傘菌
是同時成熟散發的，而是由菌蓋邊緣向中央依序逐漸成熟，加上圓錐形的菌蓋相當不利於孢
子的散發，因此透過菇體的自溶作用，使墨水般的孢子液可以順著菌蓋邊緣滴落，一旦沾到
附近停留的昆蟲，即能藉機將孢子傳播出去。

金頂側耳 　側耳科 Pleurotaceae

學名：*Pleurotus citrinopileatus* Sing.
別名：玉皇菇、黃金菇、黃晶菇、珊瑚菇、玉米菇、榆黃蘑、榆蘑、金頂蘑、黃樹窩
分布：臺灣全境低、中海拔闊葉林的枯木或倒木上
生長期：春、秋、冬季

【形態】

中大型軟菇。菌蓋寬 3 ～ 11 公分，初期扁平球形，佛手黃色至蜜黃色，展開後因菌柄的位置不同，形態上有差異，有漏斗形、偏漏斗形或扇形。蓋面光滑，為鮮豔的黃色。菌肉白色，表皮下帶黃色，質脆，厚實。菌褶延生，不等長，稍密，白色或淡黃色，往往在柄上成溝條紋。菌柄偏生，長 2 ～ 5 公分，粗 0.4 ～ 0.9 公分，常彎曲，白色或淡黃色，中實，基部常相連。孢子圓柱形，光滑，無色，孢子印煙灰色或淡紫色。

【藥用】

子實體味甘，性溫。有滋補強壯、止痢、抗癌之效，治虛弱萎症、體虛多汗、陽萎、肺氣腫、痢疾等。

【方例】

❀ 治肺氣腫：榆蘑 (焙乾)5 兩，每次 2 錢，每日 3 次冰糖水送下。(《中國民間生草藥原色圖譜》)

金頂側耳幼株的菌蓋小巧似玉米粒，故俗稱玉米菇。

金頂側耳的菌柄基部常相連

❀治陰虛寒性菌痢、下腥臭膿血：大蒜頭 1 兩、
　榆蘑 7 錢，水煎空腹溫服。(《中國民間生草
　藥原色圖譜》)

❀治痢疾：榆蘑 1.5 兩，焙乾，研成細末，每日
　服 2 次。(《吉林中草藥》)

【實用】

　　本種的食用價值極高。此處所談的為野外
種，而栽培種的菌蓋、菌柄都控制成小小的，即
為市場常見的「珊瑚菇」。

金頂側耳鮮豔的色澤，非常引人注目。

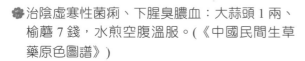

側拍成群的金頂
側耳，充分展現
其菇體的美感。

仰視金頂側耳，可觀察到其菌褶的延生，且在柄上往
往成溝條紋。

老熟的金頂側耳

編　語

❀ 本種所含鋅、鐵、銅、鎂、鉀、鈉的量均高於一般大眾常吃的香菇，尤其是鋅含量約為香菇
　的 2 倍。而本種之名稱來源，乃因其發現於中國大陸的峨眉金頂，故得名。

裂褶菌

裂褶菌科 Schizophyllaceae

學名：*Schizophyllum commune* Fr.

別名：雞毛菌、樹花、白參、天花菌、八擔柴

分布：臺灣全境平地至高海拔山野間的枯木，甚至塑膠製品上亦可見

生長期：全年

【形態】

數週生小型野菇，為一種木材白腐菌，子實體往往覆瓦狀疊生。菌蓋無柄，側生，或背面有附著點，強韌，革質，乾時捲縮，濕潤時回復原狀，扇形或腎形，寬 1～4 公分，厚 0.2～0.4 公分。蓋面白色至灰白色，密覆雞毛似的白絨毛或粗毛，常有環紋。蓋緣反捲，有多數不規則裂瓣，呈小雲狀鋸齒。菌肉薄，乾韌，白色帶褐色。菌褶幅窄，從基部放射而出，直達蓋緣盡頭，有長短不同的 3 種褶，褶間常有橫脈，沿邊緣縱裂反捲，白色、灰褐色至淡肉桂色。孢子長橢圓形，無色，光滑，孢子印白色。

裂褶菌的菌褶於褶緣會縱向分裂為二，故名。

【藥用】

　　子實體味甘，性平。有滋補強身、補腎益精、止帶、抗癌之效，治體虛氣弱、帶下、月經量少、腎氣不足、陽萎早泄等。由於裂褶菌色白，又具有滋補強身作用，且氣香味鮮，大陸雲南南部民間習稱其為「白參」。

【方例】

❀作滋補劑：裂褶菌 3 ～ 5 錢，水煎，並以紅糖為引，日服 2 次。(劉波《中國藥用真菌》)

❀治白帶：裂褶菌 3 ～ 5 錢，和雞蛋燉服。(雲南)

【實用】

　　本種幼嫩可食，和蛋拌炒口感極佳。

裂褶菌為著名的抗癌菌菇類

裂褶菌蓋面密覆雞毛似的白絨毛，故俗稱雞毛菌。

編　語

❀裂褶菌的抗癌作用，可能與提高機體之免疫功能有關。

雲芝　多孔菌科 Polyporaceae

學名：*Coriolus versicolor* (L. *ex* Fr.) Quél.
別名：千層蘑、雲蘑、彩絨革蓋菌、多色牛肝菌、瓦菌、白邊黑雲芝、雜色雲芝、彩紋雲芝
分布：臺灣全境闊葉樹種之枯木樹幹上或枯枝上
生長期：幾乎全年

雲芝生於多種闊葉樹之枯木樹幹上或枯枝上

【 形 態 】

　　一年生子實體，革質，無柄，覆瓦狀排列或平伏而反捲。菌蓋半圓形至貝殼狀，往往相互連接，長徑 1 ～ 10 公分，短徑 1 ～ 6 公分，厚 0.1 ～ 0.3 公分，有細絨毛，顏色多樣，並構成雲紋狀的同心環帶。蓋緣薄而銳，波狀，完整，淡色。菌肉白色，厚 0.05 ～ 0.15 公分，纖維質，乾後纖維質變成近革質。管口面初期白色，漸變為黃褐色、赤褐色至淡灰黑色；管口圓形至多角形，每 0.1 公分間 3 ～ 5 個，後期開裂，菌管單層，長 0.05 ～ 0.3 公分，白色。孢子圓筒形，稍彎曲，平滑，無色。

【 藥 用 】

　　子實體有清熱解毒、健脾利濕、宣肺平喘、化痰止咳、抗癌、消炎之效，治慢性支氣管炎、肺疾、咽喉腫痛、痰喘、慢性肝炎、B 型肝炎、肝硬化、多種腫瘤、類風濕性關節炎、白血病等。

【 方 例 】

🌸 治肺癌：梅薄樹芝、細本山葡萄各 5 錢，鮮金線連 4 錢，九芎木桑黃、相思赤芝、白芝、松柏猴板凳、紫芝、龍眼芝各 3 錢，雲芝、青芝各 2 錢，樟芝 1 錢，合冰糖少許，水適量，煎作茶飲。（《臺灣常用藥用植物圖鑑》）

🌸 治 B 型肝炎：廣金錢草 1 兩、雲芝 5 錢，水煎服，每日 1 劑，半個月為 1 療程。（《中國

民間生草藥原色圖譜》)

🌸 治遷延性肝炎、慢性活動性肝炎：地耳草 1 兩、
雲芝 5 錢，水煎溫服，20 天為 1 療程。(《中
國民間生草藥原色圖譜》)

🌸 治腫瘤、白血病：喜樹皮 1 兩、雲芝 5 錢，
水煎服。(《中國民間生草藥原色圖譜》)

雲芝的菌蓋背面

雲芝往往左右相連生長

毛木耳 木耳科 Auriculariaceae

學名：*Auricularia polytricha* (Mont.) Sacc.
別名：白背木耳、毛耳、木耳、粗木耳
分布：臺灣全境低海拔闊葉林內之腐木上
生長期：全年

毛木耳的傘背面具有明顯長絨毛

【形態】

　　數週生中大型膠質菌，子實體初期杯狀，逐漸變為耳狀、淺圓盤形至葉狀，膠質乾後成軟骨質，大部平滑，基部常有皺褶，直徑 10 ～ 15 公分，乾後強烈收縮。傘背面 (或稱不孕面) 灰褐色至紅褐色，有明顯長絨毛。子實層面紫褐色至近黑色，平滑稍有皺紋，熟時上面有白色粉狀物 (即孢子)。(擔) 孢子彎柱形，無色，表面平滑，非類澱粉質反應，孢子印白色。擔子長圓柱形，橫隔成 4 個細胞。

【藥用】

　　子實體有補氣養血、潤肺止咳、活血止血、止痛、降壓、抗癌之效，治高血壓、產後虛弱、肺虛久咳、腰腿疼痛、抽筋麻木、血脈不通、手足抽搐、白帶過多、咳血、衄血、便血、痔血、子宮出血、眼底出血、反胃、多痰、子宮頸癌、陰道癌等。

【方例】

❀治大便乾燥、痔瘡出血：柿餅 1 兩、木耳 2 錢，

毛木耳子實體有時呈葉狀

同煮爛，隨意吃。(《長白山植物藥誌》)

❀ 治高血壓：木耳 5 錢、皮蛋 1 粒，水燉，代茶頻服。(《福建藥物誌》)

❀ 治反胃、多痰：木耳 7～8 個，煎湯服用，日服 2 次。(劉波《中國藥用真菌》)

❀ 治產後虛弱、抽筋麻木：木耳、紅糖各 5 錢，蜂蜜 1 兩，蒸熟分 3 次服用。(劉波《中國藥用真菌》)

【實用】

本種為著名的食用菇，料理後質地脆滑，爽口，適宜涼拌，素有「木頭上的海蜇皮」之稱。

毛木耳為著名的藥、食兩用菇。

耳狀是毛木耳的典型外形

萊氏線蕨 水龍骨科 Polypodiaceae

學名：*Colysis wrightii* (Hook.) Ching
別名：藍天草、連天草、小肺經草、葉下青、褐葉線蕨
分布：臺灣全境海拔 1000 公尺以下潮濕溪邊的岩石上
孢子期：秋、冬間

萊氏線蕨喜愛潮濕的環境

【形態】

　　地上生，高 25 ～ 40 公分，根莖匍匐，一般僅長在地表而不伸入地中，徑約 0.2 公分，被卵狀披針形鱗片，鱗片褐色，邊緣有細鋸齒，質薄。單葉散生，柄長 1 ～ 4 公分，無翅，葉片倒披針形，長 20 ～ 45 公分，寬 2 ～ 5 公分，先端漸尖，中間部分最寬，向基部漸窄，以狹翅狀下延，淺波緣，乾燥時呈黑褐色，葉片薄紙質，斜上的側脈成網狀，內藏單一或分歧小脈。孢子囊堆由主脈斜向長出，幾乎到達葉緣，在側脈間呈連續或偶中斷線形，無孢膜。

【藥用】

　　全草有補肺鎮咳、散瘀止血、止帶之效，治婦女血崩、白帶、虛勞咳嗽、痰乾不易咳等。

【方例】

✿ 治婦女紅崩、白帶：萊氏線蕨 5 錢，算盤子果 3 錢，小天青地白、瓜子金、葉下紅各 2 錢，水煎服。(《湖南藥物誌》)

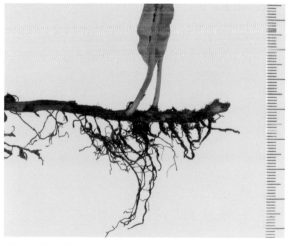

萊氏線蕨的根莖 (圖中尺規最小刻度為 0.1 公分)

萊氏線蕨葉背的孢子囊堆

編　語

✿ 本品味甘，性平，亦有帶澀之說。

齒葉矮冷水麻 蕁麻科 Urticaceae

學名：*Pilea peploides* (Gaud.) Hook. & Arn. var. *major* Wedd.
別名：齒葉矮冷水花、矮冷水麻、矮冷水花、虎牙草、地油仔、蚯蚓草、透明草、圓葉豆瓣草、
　　　水麻兒
分布：臺灣全境平野至低海拔陰濕牆腳、石縫、水溝旁
花期：3 ～ 5 月

【形態】

一年生小草本，高 5 ～ 15 公分，全株光滑，淡綠色，莖纖細，直立，通常分歧於基部。單葉對生，柄長 0.5 ～ 1.5 公分，葉片菱狀卵形，長 0.3 ～ 1.5 公分，寬 0.4 ～ 1.6 公分，先端近圓形至鈍形，基部闊楔形或近圓形，靠近葉基部全緣，上部則呈淺牙齒緣，主脈 3 條，不明顯，上下表面平坦，上面密生短桿狀鐘乳體，下面有暗紫腺點。花序呈二歧聚繖狀或繖房狀，花單性，雌雄同株，腋生，皆淡綠色；雄花少數，花被片 4，雌花的花被片 3。瘦果扁卵形，褐色，表面具刺狀突起。

【藥用】

全草有清熱解毒、化痰止咳、祛風除濕、祛瘀止痛之效，治咳嗽、哮喘、風濕痺痛、水腫、跌打損傷、骨折、外傷出血、癰癤腫毒、皮膚搔癢、毒蛇咬傷等。

【方例】

❁治急性腎炎：鮮矮冷水花 1 ～ 2 兩，水煎服。（《湖南藥物誌》）

❁治瘡瘍高熱：鮮矮冷水花 1 兩，水煎服。（《浙江藥用植物誌》）

編　語

❋本品煎湯內服用量為 2 ～ 3 錢，但鮮品可用至 1 ～ 2 兩，亦可浸酒使用。本植物與同屬植物矮冷水麻【*P. peploides* (Gaud.) Hook. & Arn.】，於中國大陸經常混採混用作「水石油菜」藥材。

虎杖 蓼科 Polygonaceae

學名：*Polygonum cuspidatum* Sieb. & Zucc.
別名：(土)川七、黃肉川七、臺灣三七、黃藥子、苦杖、酸杖、雄黃連、陰陽蓮、活血龍
分布：臺灣中央山脈海拔 2000 ～ 3800 公尺地區
花期：6 ～ 12 月

雄株虎杖開花了

【 形態 】

多年生灌木狀草本，高達 1 公尺以上，莖空心，強韌，直立，上部多分枝，被紅紫色斑點或具條紋，地下莖肥大。單葉互生，柄長 1 ～ 3 公分，葉片卵形或闊卵形，長 6 ～ 15 公分，寬 4 ～ 6 公分，先端漸尖，基部圓形、截形或楔形，全緣或呈不規則波狀。托葉鞘膜質，被長毛。單性花，雌雄異株，總狀花序稍呈密生，花序具分枝。花被白色或粉紅色，5 深裂，裂片 2

輪，外輪 3 片於果時增大。雄花具雄蕊 8 枚。雌花被片具翅，花柱 3 枚。瘦果長約 0.3 公分，卵形至橢圓形，具 3 稜，黑褐色。

【 藥用 】

根及根莖(藥材稱土川七)有祛風利濕、散瘀止痛、止咳化痰之效，治關節痺痛、濕熱黃疸、經閉、咳嗽痰多、跌打損傷、久年打撲傷、小兒發育不良(俗稱得猴)、盲腸炎、淋濁等。葉能祛風、涼血、解毒，治腸炎、痢疾、蛇犬咬傷、瘡癤腫毒、瘰癧、濕疹、皮膚搔癢等。

【 方例 】

🌸治打傷：(1) 土川七、鐵牛入石、黃金桂、王不留行、紙錢塹各 20 公分，煎酒服；(2) 土

土川七藥材 (圖中尺規最小刻度為 0.1 公分)

臺灣鄉野藥用植物

雌株虎杖處於花、果期。

川七 60 公分，半酒水燉赤肉服；(3) 土川七、
烏面馬、王不留行各 20 公分，黃金桂、紅骨
丹、萬點金各 40 公分，鐵牛入石 12 公分，
半酒水燉赤肉服。(《臺灣植物藥材誌 (三)》)

❀治小兒發育不良：土川七、芙蓉頭、王不留
行、含殼仔草、九層塔各 40 公分，烏面馬頭
20 公分，半酒水燉雞服。(《臺灣植物藥材誌
(三)》)

❀治急或慢性盲腸炎：虎杖鮮根 110 ～ 150 公分，
加酒少許，水煎服。(《臺灣植物藥材誌 (三)》)

❀治夏季因濕熱所致疲勞：虎杖枝葉適量，水
煎當茶飲。(台中縣新社鄉‧黃文彬)

編 語

❀民間視土川七藥材為解氣血鬱之藥，凡結胸、瘀血、滯氣諸證，皆可配用。土川七應用於跌
打，可代用中藥三七，因其為臺灣本地產，故又名本川七；又因其對傷科疾病療效可媲美七
厘散，亦別稱大七厘、七厘。

刺蓼

蓼科 Polygonaceae

學名：*Polygonum senticosum* (Meisn.) Fr. & Sav.
別名：三角鹽酸、廊茵、貓兒刺、貓舌草、南蛇草
分布：臺灣全境低、中海拔山區
花期：2～10月

處於花期的刺蓼

【形態】

多年生草本，高 20～70 公分，幼莖及花軸上被細毛，莖略呈四角形，多分枝，粉紅色，具倒刺。單葉互生，柄長 2～7 公分（被倒刺），葉片三角形或長橢圓狀三角形，長 2～8 公分，寬 2～7 公分，先端漸尖，基部略呈箭形。托葉鞘直徑約 1 公分，葉狀，綠色，腎形或近心形，抱莖。花序為頭狀花序至穗狀花序，頂生，花數朵，花穗具長花軸。花被 5 深裂，長約 0.3 公分，裂片橢圓形。堅果三稜形，直徑約 0.3 公分，暗棕色。

【藥用】

全草有清熱解毒、利濕止癢、散瘀消腫之效，治蛇頭瘡、頑固性癲癇、跌打損傷、濕疹癢痛、毒蛇咬傷、黃水瘡、帶狀疱疹、痔瘡、嬰兒胎毒等。

【方例】

❀治過敏性皮膚炎：刺蓼、虎杖根各 5 錢～1 兩，水煎服。（《福建藥物誌》）

刺蓼的托葉鞘呈葉狀，且抱莖。

刺蓼的葉子

凹葉野莧菜 莧科 Amaranthaceae

學名：*Amaranthus lividus* L.
別名：凹頭莧、野莧菜、光莧菜
分布：臺灣全境各地路旁或荒廢地
花期：7 ～ 8 月

【形態】

一年生草本，高 10 ～ 30 公分，莖斜上，基部分枝，微具稜線。單葉互生，柄長 1 ～ 3.5 公分，葉片卵形或菱狀卵形，長 1.5 ～ 4.5 公分，寬 1 ～ 3 公分，先端凹缺或鈍，基部闊楔形，全緣或稍呈波狀。花單性或雜性，花小，簇生葉腋或成頂生穗狀花序或圓錐花序。苞片乾膜質，長圓形。花被片 3，細長圓形，先端鈍而有微尖。雄蕊 3 枚。柱頭 3 或 2，線形，果熟時脫落。胞果扁卵形，不裂，略具皺紋。種子近黑色，邊緣具環狀邊。

【藥用】

全草或根有清熱、解毒、利尿之效，治痢疾、腹瀉、目赤、乳癰、痔瘡、疔瘡腫毒、毒蛇咬傷、蜂螫傷、小便不利、水腫等。種子能清肝、明目、利尿，治肝熱目赤、翳障、小便不利等。

【方例】

❀治痢疾：凹頭莧 1 兩、車前子 5 錢，水煎服。(《河北中草藥》)

❀治乳癰：鮮野莧根 1 ～ 2 兩，鴨蛋 1 個，水煎服；另用鮮野莧葉及冷飯，搗爛外敷。(《福建中草藥》)

❀治甲狀腺腫大：鮮野莧菜根、莖及豬肉各 2 兩，水煎，分 2 次飯後服。(《中華本草》)

❀治高血壓：莧菜子 5 錢，水煎服。(《內蒙古中草藥》)

❀治風熱目痛：莧菜子、龍膽草各 3 錢，菊花 5 錢，水煎服。(《內蒙古中草藥》)

【實用】

嫩莖葉可做野菜食用。

莧菜　莧科 Amaranthaceae

學名：*Amaranthus tricolor* L.
別名：荇菜、荅菜、茵菜、莧、雁來紅、三色莧、青香莧、紅人莧
分布：臺灣各地皆可見栽培
花期：5 ～ 8 月

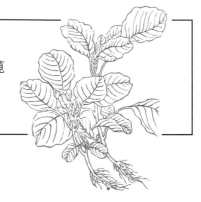

【形態】

　　一年生草本，高 80 ～ 150 公分，莖直立，粗壯，綠色或紅色，分枝較少。單葉互生，柄長 3 ～ 10 公分，葉片卵形、菱狀卵形或披針形，長 4 ～ 12 公分，寬 3 ～ 7 公分，綠色，也常呈紅色、紫色或黃色，或部分綠色加染其他顏色，先端鈍或微凹，基部廣楔形，全緣或波狀，無毛。花簇腋生，花序於下者呈球形，於上者呈稍斷續的穗狀花序，花黃綠色，單性，雌雄同株。苞片及小苞片皆膜質，透明。花被 3，亦膜質。雄蕊 3。柱頭 3 裂。胞果卵狀長圓形，熟時上半部成蓋狀脫落。種子黑褐色，邊緣鈍，具光澤。

【藥用】

　　莖葉有清熱、解毒、通利二便之效，治痢疾、二便不通、瘡毒、蛇蟲螫傷、吐血、血崩等。種子能清肝、明目、通利二便，治青盲翳障、視物昏暗、白濁、血尿、二便不通等。

【方例】

❀治產前產後赤白痢：紫莧葉 (切細)1 握、粳米 3 合，上以水，先煎莧菜取汁，下米煮粥，空心食之立瘥。(《普濟方》紫莧粥方)

❀治走馬牙疳：莧菜莖葉適量，紅棗 1 個，共燒灰存性，用竹管吹於牙齦處。(江西《草藥手冊》)

❀治眼霧不明、白翳：莧菜子、青葙子、蟬花，燉豬肝服。(《四川中藥誌》1960 年)

【實用】

　　本植物為常見蔬菜，主要食用部位為嫩莖葉或幼苗。選購以菜株完整，葉片不枯萎，莖頭嫩脆易斷，纖維不老化為佳。

編　語
❀牙疳指牙齦紅腫、潰爛疼痛、流腐臭膿血等症之疾病，而發病急驟者，稱走馬，故走馬牙疳
　是一種較危重的急性口腔病，多發生於小兒。另外，於第 1 個方例中，粳米單位「合」，即
　1 斗＝ 10 升，1 升＝ 10 合，若換算成毫升，中國各朝代的換算各有差異，但《普濟方》成
　書在明朝，當時 1 合相當於 100 毫升。

白玉蘭　木蘭科 Magnoliaceae

學名：*Michelia alba* DC.
別名：玉蘭、玉蘭花、白蘭、白蘭花、白緬花、緬桂花、香花
分布：臺灣各地可見零星觀賞栽培
花期：夏、秋間

盛開的白玉蘭花朵特寫

【 形 態 】

常綠喬木，小枝被皮孔，節環顯著，幼嫩部份被毛。單葉互生，具柄 (托葉痕為葉柄的三分之一或四分之一)，葉片革質，卵狀橢圓形或長橢圓形，長 10 ～ 25 公分，寬 4 ～ 8 公分，先端突尖，基部楔形，側脈顯著，全緣或稍波緣。花單一，腋生，白色，芳香。萼片長圓形。花瓣線狀，長 3 ～ 3.5 公分。雄蕊多數，多輪，花絲扁平。雌蕊心皮多數，螺旋狀排列於花托柄上，子房被細毛，柱頭頭狀。果實近球形或木魚狀，由多數開裂心皮所組成，但大多無法成熟結實。

【 藥 用 】

根有利尿、解毒之效，治小便不利、泌尿系統感染、癰腫等。花 (稱白蘭花) 能芳香化濕、行氣通竅，治濕阻中焦、氣滯腹脹、鼻淵、帶下、支氣管炎、中暑、敗血病等。葉能芳香化濕、利尿消腫、止咳化痰，治淋痛、老年咳嗽氣喘、咽喉腫痛、中暑頭暈等。

【 方 例 】

❀治咽喉腫痛：白玉蘭葉 30 ～ 60 公分，水煎服。(臺灣)

❀治老年慢性氣管炎：白蘭花葉、榕樹葉各 1 兩，地龍 1 錢半，製成丸劑，分 3 次服，以 10 天為一療程。(《全國中草藥匯編》)

❀治泌尿系統感染：白蘭花葉 1 兩，水煎服，每日 1 ～ 2 劑。(《全國中草藥匯編》)

❀治脾虛濕盛之白帶：車前子2錢，白蘭花3錢，薏苡仁、白扁豆各1兩，水煎服。(《四川中藥誌》1979年)

❀治鼻炎流涕、鼻塞不通：防風2錢，白蘭花、蒼耳子、黃芩、薄荷各3錢，水煎服。(《四川中藥誌》1979年)

【實用】

本種為著名的香花植物，開花時期婦女喜採花朵，插於髮髻或胸襟上聞香，而寺廟也有採其鮮花供神佛之習，另於公路旁亦可見兜售其花給開車駕駛置於車內品香。

白玉蘭為著名的香花植物

編　語

❀現代藥理研究發現白蘭花蒸餾液有鎮咳、祛痰及平喘作用。

黃玉蘭 木蘭科 Magnoliaceae

學名：*Michelia champaca* L.
別名：黃蘭、大黃桂、黃緬桂、香花、金厚朴、旃簸迦、玉蘭花
分布：臺灣各地可見零星觀賞栽培
花期：11 ～ 12 月

【形態】

常綠喬木，小枝被皮孔，節環顯著，幼枝、嫩葉及葉柄均被淡黃色平伏柔毛。單葉互生，具柄 (托葉痕達葉柄中部以上，或說柄的上部具明顯細耳突)。葉片橢圓狀披針形或長橢圓形，長 15 ～ 25 公分，寬 6 ～ 10 公分，先端漸尖，基部楔形，側脈顯著，約 10 ～ 15 對。花單一，腋生，橙黃色，極香。花苞淡綠色，被毛，開花時脫落。花瓣線狀倒披針形或長橢圓形，排成 2 輪，外輪花瓣較大，內輪較小。雄蕊多數。心皮多數，被毛。聚合果由多個蓇葖果所構成，蓇葖果橢圓形，表面被多數皮孔，各藏皺皮種子 4 ～ 8 粒。種子有稜角，紅色。

【藥用】

根有祛風除濕、清利咽喉之效，治風濕痹痛、咽喉腫痛等。果實能健胃止痛，治胃痛、消化不良等。

【方例】

❀治風濕骨痛：黃緬桂根 5 錢至 1 兩，泡酒服。

黃玉蘭的花苞呈淡綠色，恰與即將綻放的橙黃色花朵形成強烈對比。

(《雲南思茅中草藥選》)

❀治消化不良、胃痛：黃緬桂果研粉，每服 0.3 ～ 0.6 克，開水沖服。(《全國中草藥匯編》)

【實用】

本植物可供觀賞或作香料用途。

由葉柄的托葉痕(箭頭處)比例,可清楚區分白玉蘭及黃玉蘭。(左葉爲白玉蘭,其托葉痕爲葉柄的三分之一或四分之一;右葉爲黃玉蘭,其托葉痕達葉柄中部以上)

黃玉蘭的聚合果是由多個蓇葖果所構成,且表面被多數皮孔。

黃玉蘭的花果期常並存,圖中可見其初生聚合果。

編 語

❋本植物首載於《植物名實圖考》,而此時白玉蘭尚未被收錄,但兩者被應用於醫藥皆爲民國以後。現代藥理研究則發現黃玉蘭(樹皮或根)可能具有抗菌及抗癌作用。

山胡椒 樟科 Lauraceae

學名：*Litsea cubeba* (Lour.) Pers.
別名：豆豉薑、馬告 (Maqaw)、山雞椒、木薑子樹、香樟、蓽澄茄、野胡椒
分布：臺灣全境中、高海拔之闊葉林內，多散生於開墾、伐採跡地及林道旁向陽處
花期：2 ～ 4 月

山胡椒樹皮上有明顯的皮孔

【 形態 】

落葉灌木或小喬木，高可達 10 公尺，全株具有芳香氣味。葉發生於花開之後，單葉互生，具柄，葉片披針形或長橢圓形，長 5 ～ 15 公分，寬 1 ～ 3 公分，基部楔形，先端漸尖，中肋帶紫紅色，全緣，上表面暗綠色，下表面蒼白綠色。

單性花，雌雄異株，繖形花序腋出，有花 4 ～ 5 朵，總花梗纖細。總苞 4 片。花被裂片 6，倒卵圓形。雄花有 9 枚能育雄蕊，排成 3 輪，第 3 輪基部的腺體具短柄。雌花中退化雄蕊多數，子房卵形，花柱短。漿果狀核果近球形，直徑 0.5 公分，幼時綠色，熟時黑色。

【 藥用 】

果實 (稱澄茄子) 有溫中止痛、行氣活血、利尿平喘之效，治脘腹冷痛、食積氣脹、反胃嘔吐、中暑吐瀉、泄瀉痢疾、寒疝腹痛、哮喘、寒濕水臌、小便不利、小便渾濁、牙痛、瘡瘍腫毒、寒濕痹痛、跌打損傷等。葉 (稱山蒼子葉) 能理氣散結、消腫解毒、止血，治癰疽腫痛、乳癰、蛇蟲咬傷、外傷出血、足腫等，其揮發油可用於慢性氣管炎之治療。根 (稱豆豉薑) 能祛風散寒、除濕止痛、溫中理氣，治感冒頭痛、瘧疾、心胃冷痛、腹痛吐瀉、腳氣、孕婦水腫、風濕痹痛、跌打損傷，近來被應用於腦血栓之治療。臺灣民間則取其根皮或枝葉治腳氣、霍亂、皮膚病及止血等。

【方例】

🌸 治胃寒痛、疝氣：山雞椒果實 5 分至 1 錢，開水泡服；或研粉，每次服 1 ～ 1.5 克。(《恩施中草藥手冊》)

🌸 治胃寒腹痛、嘔吐：木薑子、乾薑、良薑各 3 錢，水煎服。(《四川中藥誌》1982 年)

🌸 治支氣管哮喘：山雞椒果實、胡頹葉、地黃根(野生地)各 5 錢，水煎服，忌食酸辣。(《浙江民間常用草藥》)

🌸 治風寒感冒：山蒼子根 5 錢至 1 兩，水煎服，紅糖為引。(《江西草藥》)

🌸 治勞倦乏力：豆豉薑乾根 1 ～ 2 兩，或加墨魚 1 個，水燉服。(《福建中草藥》)

🌸 治行軍引起的腳腫：山蒼子葉、三加皮各 5 錢，仙茅 4 錢，薄荷、香附各 1 錢，上藥均用鮮品，混合搗爛，加白酒適量，調勻，敷於患處，每日換藥 1 次。(《全國中草藥匯編》)

【實用】

果實為臺灣泰雅、賽夏族傳統的調味食品，味道類似胡椒及薑的綜合，泰雅族語稱山胡椒為

山胡椒即是臺灣原住民所稱的馬告 (Maqaw)

馬告 (Maqaw)，早期原鄉利用其果實來代替鹽巴使用，或直接嚼食以提神。另外，原住民還取其花泡茶，嫩葉入菜，而用新鮮果實直接滷豬肉、牛肉，或炒小魚乾，或燉煮排骨等，味道特殊且可口，所以，當我們在山產店看到馬告山蘇、馬告桂竹筍的菜單時，其中的調味物正是山胡椒的果實。葉、花、果實及樹皮均可提煉精油防治白蟻。花枝、果枝常被作為花材。

山胡椒的葉背呈蒼白綠色

山胡椒開花

編　語

❋本植物的果實因外形和氣味與胡椒科 (Piperaceae) 植物蓽澄茄 *Piper cubeba* L. 的果實相似，中國南部以其作蓽澄茄藥材使用已久，但兩者實為兩種不同科屬植物的果實，宜加以區別使用。

大葉楠 樟科 Lauraceae

學名：*Machilus japonica* Sieb. & Zucc. var. *kusanoi* (Hayata) J. C. Liao
別名：楠仔
分布：臺灣全境海拔 1000 公尺以下的闊葉林內，特別常見於溪谷陰濕地
花期：2～3月

【形態】

常綠大喬木，樹皮灰褐色，皮孔明顯，芽苞及新葉常呈淡紅色。單葉互生，或近對生，具柄，葉片倒披針形或長橢圓狀披針形，長 14～22 公分，寬 3～6 公分，基部銳形或長楔形，先端漸尖，側脈 10～12 對，全緣，卜表面灰白色偶帶紫暈。聚繖狀圓錐花序自枝端葉腋抽出，花疏生。花被 6 片，長約 0.5 公分，線狀長橢圓形。雌蕊子房球形，無毛，花柱長約 0.2 公分，被毛。雄蕊 4 輪，第 3 輪基部有腺體，第 4 輪退化，花藥 4 室。漿果球形，直徑約 1 公分，先端具 1 小尖突，基部具有宿存而反捲之花被。

【藥用】

根有消腫、解毒之效，治瘡癤、掌心瘡、跌打損傷、細菌性痢疾、霍亂、心腹脹痛等。

【方例】

❀治掌心生瘡：大葉楠根適量，用米飯湯及鹽共同磨成醬糊狀，敷患處。(《原色臺灣藥用植物圖鑑 (4)》)

火葉楠的樹形雄偉，是極富潛力的綠美化樹種。

【實用】

　　本植物可作為庭園綠化樹種。木材為臺灣重要「楠木」之一，可供建築及製傢俱、器具、雕刻等。樹皮富含黏液質，可供作線香原料用。

大葉楠的頂芽（箭頭處）

大葉楠的芽苞即將綻放

大葉楠的花序

大葉楠的初生果

紅楠 樟科 Lauraceae

學名：*Machilus thunbergii* Sieb. & Zucc.

別名：豬腳楠、赤楠、阿里山楠、南庄楨楠、楠仔、臭屎楠、鼻涕楠、小楠木、烏樟、釣樟、山樟樹

分布：臺灣全境海拔 200 ～ 1800 公尺間之山麓、山谷坡地疏林中或再生林內

花期：2 ～ 3 月

【 形 態 】

常綠喬木，樹皮灰褐色，皮孔明顯，芽苞及新葉多呈紅色。單葉互生，具柄，葉片倒卵形或倒披針狀長橢圓形，長 5 ～ 12 公分，寬 2 ～ 6 公分，基部楔形或銳尖，先端鈍或急突尖，側脈 8 ～ 10 對，全緣，兩面光滑。圓錐花序自枝端葉腋抽出，無毛，具長梗。苞片橢圓形，紅色。花被 6 片，長 0.3 ～ 0.5 公分，狹橢圓形，外輪略小，被褐毛。雄蕊 4 輪，均無毛，第 4 輪為假雄蕊 (不育雄蕊)，能育雄蕊約 9 枚，花藥 4 室。漿果球形，直徑約 1 公分，成熟時暗紫色，基部具有宿存而反捲之花被，果梗鮮紅色。

【 藥 用 】

根皮及樹皮 (稱紅楠皮) 有溫中順氣、舒經活血、消腫止痛、利濕止瀉之效，治嘔吐腹瀉、小兒吐乳、胃呆食少、扭挫傷、轉筋、足腫等。(本品味辛、苦，性溫，煎湯內服用量為 3 ～ 5 錢)

【 方 例 】

❀ 治轉筋及足腫：紅楠樹皮煎湯熏洗。(《天目山藥用植物誌》)

❀ 治吐瀉不止：紅楠樹皮水煎服。(《天目山藥用植物誌》)

❀ 治扭挫傷筋：紅楠樹皮或根皮 (去栓皮) 適量，加食鹽搗爛，敷患處。(《天目山藥用植物誌》)

紅楠的頂芽 (箭頭處) 呈卵形

【實用】

本植物之耐風力強，可充海邊防風林樹種。木材為臺灣重要「楠木」之一，可供建築及製傢俱、器具、彫刻等。木材亦可作驅蚊香原料。

紅楠花的特寫

紅楠的花序

結果的紅楠

臭濱芥 十字花科 Cruciferae

學名：*Coronopus didymus* (L.) Smith
別名：臭薺
分布：臺灣全境低海拔地區田埂、路旁或荒地
花期：3～5月

【形態】

　　1～2年生草本，全株具異味，莖直立，高18～25公分，基部常呈匍匐狀，疏被白毛。葉為1～2回羽狀全裂，長3～5公分，寬1.5～3公分，裂片5對，線形，先端急尖，基部楔形。總狀花序腋生，長1.5～3公分。花白色，小型。萼片卵形，綠色，邊緣白色。雄蕊通常2枚。花柱極短，柱頭凹陷。短角果長0.15～0.2公分，頂端微凹，具網狀，瓣裂卵形，果梗長約0.2公分。種子腎形，紅棕色。

【藥用】

　　全草於巴西為治療疼痛、發炎之常用藥。Mantena 等人於 2005 年發現臭濱芥的水萃取物具有抗過敏、解熱、降血糖、保護肝臟等作用。Prabhakar 等人於 2006 年也發現臭濱芥水萃取物再分層所得最非極性層具有強效的清除自由基能力，同年該實驗室又發現臭濱芥水萃取物具抗輻射作用。Busnardo 等人也在 2009 年於小鼠實驗中觀察到，臭濱芥葉部的醇水萃取物具抗發炎活性。

編　語

✿牛、羊若誤食本植物，常使其乳汁帶異味，會影響其乳品的口感。

獨行菜 十字花科 Cruciferae

學名：*Lepidium virginicum* L.
別名：北美獨行菜、美洲獨行菜、小團扇薺、圓果薺、琴葉葶藶、大葉香薺菜
分布：臺灣全境低地及中、北部沿海地區
花期：2 ～ 8 月

獨行菜的花、果期常並存。

獨行菜的莖生葉

【形態】

1～2 年生草本，高 30～80 公分，莖直立，具分枝，被細柔毛。單葉互生；基生葉具柄，葉片倒披針形，長 1～5 公分，羽狀分裂，裂片大小不等，卵形或長圓形，邊緣有鋸齒；莖生葉近無柄，葉片倒披針形或線形，先端鈍或銳形，基部狹窄下延形，鋸齒緣或近全緣；所有葉片下表面皆被長毛。總狀花序頂生，花多且小，綠白色。萼片 4 枚，綠色，卵形。花瓣 4 枚，白色，倒披針形。雄蕊 2 枚，內層無雄蕊。短角果圓形，上緣具窄翅。種子上緣亦具窄翅。

【藥用】

種子 (藥材稱葶藶子) 味辛、苦，性寒。有瀉肺降氣、祛痰平喘、利水消腫、泄熱逐邪之效，治痰涎壅肺之喘咳痰多、肺癰、小便不利、水腫、胸腹積水、慢性肺源性心臟病、心臟衰竭之喘腫、瘰癧等。全草能下氣、行水，治肺癰喘急、痰飲咳嗽、水腫脹滿、小便淋痛等。

【方例】

❀ 治咳嗽痰涎喘急：葶藶子、半夏各半兩，巴豆 49 粒 (去皮，同上 2 味一起炒，待半夏黃為度)。上件除巴豆不用，只用上 2 味為細末，每服 1 錢，以生薑汁入蜜少許同調下，飯後服。(《楊氏家藏方》葶藶散)

❀ 治肺癰喘不得臥：葶藶子 (熬令黃色，搗，丸如彈子大)、大棗 12 枚。上先以水 3 升煮棗，取 2 升，去棗納葶藶子，取 1 升，頓服。(《金匱要略》葶藶大棗瀉肺湯)

獨行菜的基生葉

編語

❀ 本植物為中藥材「葶藶子」的主要來源植物之一，而通常以獨行菜屬 (*Lepidium*) 之種子入藥者，習稱北葶藶子，又名苦葶藶 (無臭，味微苦、辛，黏性較強)；而同科植物播娘蒿 *Descurainia sophia* (L.) Webb *ex* Prantl 的種子，則稱南葶藶子，又名甜葶藶 (氣微，味微辛，略帶黏性)。

豆瓣菜 十字花科 Cruciferae

學名：*Nasturtium officinale* R. Br.
別名：西洋菜、無心菜、水甕菜、水田芥、水薄菜、水生菜
分布：臺灣全境平野至中海拔溪流、溝渠、農田等水中或水邊皆可見
花期：3 ～ 8 月

豆瓣菜為保健蔬菜之一

開花的豆瓣菜

【形態】

多年生水生草本，高 20 ～ 40 公分，全株光滑，莖多分枝，半匍匐性，莖節上長不定根。葉為奇數羽狀複葉，互生，長 6 ～ 12 公分，小葉 3 ～ 11 枚，長橢圓形至圓形，頂小葉較側小葉大，近全緣或淺波狀，側小葉基部不對稱，葉柄基部成耳狀，略抱莖。總狀花序頂生，花多數。花冠呈十字形，花瓣 4 枚，分離，白色或黃色，倒卵形或寬匙形，但有些農業改良種可能不開花。萼片 4 枚，邊緣膜質，基部略成囊狀。雄蕊 6 枚，4 長 2 短。長角果圓柱形而扁，長約 1 ～ 1.8 公分。

【藥用】

全草有清 (肺) 熱、解毒、涼血、止痛、利尿之效，治肺熱燥咳、壞血病、泌尿系統發炎、淋痛、皮膚搔癢、疔毒癰腫等。

豆瓣菜的莖節上長出了不定根 (箭頭處)

【實用】

本植物的莖及葉可供食用，略帶辛香味，可炒食、燙食或煮湯。烹調時，宜旺火快炒快煮，否則久煮易變黃。

豆瓣菜的花梗下方已結果，但上方仍繼續開花。

編 語

❀本植物富含維生素 A、B、C，營養價值高，適宜推廣為保健蔬菜。

樹豆　豆科 Leguminosae

學名：*Cajanus cajan* (L.) Millsp.
別名：木豆、蒲姜豆、番仔豆、花螺樹豆、白樹豆、柳豆、觀音豆、黃豆樹
分布：臺灣各地常可見零星栽培，尤其以原住民較多
花期：2 ～ 11 月

【形態】

　　矮灌木，高 1 ～ 3 公尺，全株密被灰白色柔毛。葉為三出複葉，互生，具柄，小葉片長橢圓狀披針形，長 5 ～ 9 公分，寬 1.5 ～ 3 公分，兩端均呈銳形，全緣，側脈 6 ～ 8 對，細脈呈網狀，顯著。總狀花序，頂生或腋出，具梗。花萼鐘形，5 裂，裂片略與花萼筒等長，披針形，先端銳形。花冠蝶形，黃色或橙色，龍骨瓣內曲。雄蕊 10 枚，二體。莢果長橢圓形，先端具尖嘴，表面有 4 ～ 5 橫溝，外被粗毛。種子圓形，5 ～ 6 粒，一端扁平，通常呈褐色，惟具白色小臍。

樹豆的種子呈圓形，具白色小臍 (圖中尺規最小刻度為 0.1 公分)。

【藥用】

　　種子 (稱木豆) 有清熱解毒、止血止痢、散瘀止痛、排膿消腫之效，治風濕痺痛、跌打腫痛、瘡癤腫毒、腳氣、水腫、便血、衄血、產後惡露不盡、黃疸型肝炎、膀胱或腎臟發炎等。葉有解痘毒及消炎之作用，可治口腔炎、小兒水痘、癰腫、咳嗽等。根及粗莖能清熱解毒、利濕止血，治咽喉腫痛、癰疽腫毒、血淋、痔瘡出血、糖尿病、水腫、小便不利等。

【方例】

❀治血淋：木豆、車前子各 3 錢，合煎湯服。(《泉州本草》)

❀治肝腎水腫：木豆、苡仁各 5 錢，合煎湯服，每日 2 次。忌食鹽。(《泉州本草》)

❀治痔血：木豆根浸酒 12 小時，取出，焙乾研粉，每次 3 錢，黃酒沖服。(《浙江藥用植物誌》)

❀治耳痛：樹豆鮮葉適量搗汁，滴入內耳數次。
　（南洋）

❀治貧血：樹豆根 5 錢，燉瘦肉服。(臺灣)

【 實 用 】

葉子供作飼料。種子可煮食。

樹豆常花、果期並存。

樹豆的樹皮佈滿了皮孔

盛花期的樹豆

樹豆也有種子是黑色的品種

編　語

❋ 臺灣民間傳樹豆的種子可做諸藥之引藥。又可能其根之效用和中藥山豆根 (主要有消炎作用，
為咽喉腫痛之常用藥) 相近，亦被稱為「本山豆根」，但依調查結果顯示，臺灣各地青草藥
鋪中所備之本山豆根藥材，其真正來源植物應為梧桐科 (Sterculiaceae) 的崗脂麻 *Helicteres
angustifolia* L.，因此樹豆根是否可代用山豆根，尚待評估。

阿勒勃 豆科 Leguminosae

學名：*Cassia fistula* L.
別名：婆羅門皂莢、波斯皂莢、阿勃勒、長果子樹、豬腸豆、臘腸樹、香腸豆、牛角樹、
　　　清瀉山扁豆、黃槐花樹、金急雨
分布：臺灣各地普遍作觀賞栽培
花期：6～8月

【形態】

　　落葉喬木，高可達 15 公尺，樹皮灰白色，
枝條細直。葉為一回偶數羽狀複葉，互生，葉柄
基部膨大，長 30～40 公分，小葉灰綠色，4～
8 對，近於對生，長 5～15 公分，卵形，先端
銳尖。總狀花序腋出，花序長而下垂，花鮮黃
色。花萼、花瓣各為 5 枚，花瓣大小約相等。雄
蕊 10 枚，惟 3 枚較長，基部作曲狀彎曲。莢果
細圓筒形長條狀，長 30～60 公分，外有縱溝，
初為綠色熟時暗褐色。種子扁圓形。

【藥用】

　　果實為止痛輕瀉劑，有清熱通便、化滯止痛
之效，治便秘、胃脘痛、疳積等。葉能祛風通絡、
解毒殺蟲，治中風面癱、凍瘡、膿疱瘡、輪癬等。

【實用】

　　本植物為重要的行道樹種，亦可當庭園觀賞
栽培。

阿勒勃的樹皮呈灰白色

阿勒勃結滿了
長條狀的果實

阿勒勃的葉呈偶數羽狀複葉

阿勒勃的花色很鮮豔醒目

阿勒勃的葉柄基部膨大 (箭頭處)

編　語

❀ 本植物的果實煎湯內服用量為 1~3 錢，但久煎 (指 8 小時以上) 則無瀉下作用，反有收斂作用；
　　而服用過量可引起嘔吐，一般被認為帶有小毒，故通常建議採用未成熟果實較佳。名稱上，
　　阿勒勃或阿勃勒的「勃」字亦可寫成「伯」字。

大花黃槐　豆科 Leguminosae

學名：*Cassia floribunda* Cav.
別名：決明子、草決明、光 (葉) 決明、平滑決明、印度咖啡豆
分布：臺灣山區散見小規模栽培，並見部分地區馴化自生
花期：3 ～ 8 月

【形態】

　　直立灌木，高可達 2 公尺。葉互生，偶數羽狀複葉，小葉普通為 4 對，小葉片卵狀長橢圓形或卵形，長 3 ～ 7 公分，寬 2 ～ 3.5 公分，基部鈍圓形，有時偏斜，先端漸尖，全緣，表面深綠色光滑，背面綠粉白色。總狀花序生於上部的葉腋或頂生，多少呈繖房狀。萼片 5，長卵形，不等大，黃綠色。花瓣黃色，5 枚，倒卵狀圓形。雄蕊 10 枚，2 強，3 枚退化，花絲黃色。花柱內彎，綠色。莢果圓柱形，長 6 ～ l0 公分，果瓣略革質，2 瓣開裂。種子多數。

【藥用】

　　種子有清肝火、解熱、利尿、通便之效，治肝火旺、風熱眼疾、高血壓、慢性便秘等。根及葉有清肝、明目、通便之效，治感冒發熱、肝熱目赤、便秘、胃痛、慢性結膜炎等。

【實用】

　　種子炒香，煎煮調製作茶飲，稱決明茶。

大花黃槐爲直立灌木植物

大花黃槐葉上的腺點 (箭頭處)，
可作為其辨識的重要特徵。

大花黃槐的果實呈圓柱形

特寫大花黃槐的花

編　語
❀本植物的根及葉入藥時，味苦，性涼，煎湯內服用量為 2 ～ 3 錢，但臺灣民間仍習慣取種子
　應用，少見以根及葉入藥。

蝶豆 豆科 Leguminosae

學名：*Clitoria ternatea* L.
別名：羊豆、蝴蝶花豆、藍蝴蝶、藍花豆、豆碧
分布：臺灣中、南部低海拔向陽光地
花期：4 ～ 10 月

蝶豆的奇數羽狀複葉

蝶豆莢果的先端具喙 (箭頭處)

【形態】

攀緣性藤本，被柔毛。葉為奇數羽狀複葉，互生，具柄，小葉卵形至橢圓形，5 ～ 9 片，長 2 ～ 5 公分，寬 1 ～ 2.5 公分，基部楔形，先端鈍形，全緣。托葉小，針狀。花單生葉腋。苞片 2，長橢圓形，小苞片較大，膜質，近圓形。花萼筒狀，5 齒裂，裂片披針形。花冠蝶形，鮮藍色、粉紅色或白色，中央有一淺暈區，旗瓣闊倒卵形或近菱形，直立，較翼瓣大，龍骨瓣內曲。雄蕊 10 枚，二體。莢果長條形，扁平，長 5 ～ 10 公分，寬約 1 公分，先端具喙。種子 6 ～ 10 粒，近黑色。

【藥用】

種子有毒，具輕瀉、催吐作用，多外用，能止痛，治關節疼痛。根有緩瀉、催吐、利尿、通經、驅蟲之效，治腹水、發熱、慢性支氣管炎等。葉浸劑可治發疹、耳疾。花治眼炎。

【實用】

　　全草可作牧草及綠肥。嫩莢可食。葉及花可作食物之染料。花大美艷，可栽培賞花。

蝶豆的莢果成熟了

蝶豆的花很艷麗

側視蝶豆的花，可清楚看見其苞片、小苞片及托葉。

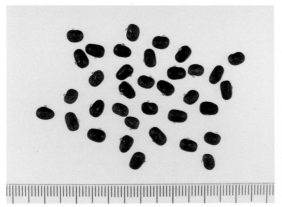
蝶豆的種子近黑色(圖中尺規最小刻度為0.1公分)

蝶豆屬攀緣性藤本

臺灣鄉野藥用植物

假木豆 豆科 Leguminosae

學名：*Dendrolobium triangulare* (Retz.) Schindler
別名：山豆根、假土豆、(白毛) 千斤拔、木莢豆、野螞蝗、千金不換藤
分布：臺灣南部中、低海拔之灌叢中及草原
花期：6～10 月

【形態】

　　灌木，高 1～2 公尺，幼枝三稜形，密被毛。葉為三出複葉，互生，葉柄上部具凹溝，小葉片長橢圓形或倒卵形，長 5～7 公分，寬 2～4 公分，基部楔形或鈍圓形，先端漸尖或急尖形，全緣，側脈明顯，上表面被毛，背面脈上具顯著長毛。托葉披針形，脫落性。花序腋出，總花梗短，花數朵簇生略呈頭狀。苞片披針形。花萼裂片齒狀披針形，密被白柔毛。花冠蝶形，白色，小

假木豆的葉為三出複葉

型。雄蕊 10 枚，單體。莢果稍彎曲，呈 3～6 節，節之長寬約相等，被毛，不開裂。

【藥用】

　　根或葉有清熱涼血、舒筋活絡、健脾利濕之效，治內傷吐血、跌打損傷、骨折、風濕骨痛、癱瘓、咽喉腫痛、小兒疳積、腹瀉等。

【方例】

❀ 治喉痛：千斤拔根 2.5 錢、山豆根 3 錢，煨水服。(《貴州草藥》)
❀ 治跌打內傷、吐血、咯血：千斤拔根 5 錢至 1 兩，泡酒或煨水服。(《貴州草藥》)

假木豆的葉柄上部具凹溝 (箭頭處)

假木豆幼枝的橫切面，可顯見其三稜形 (箭頭處)

假木豆的樹皮具多數皮孔 (箭頭處)

開花的假木豆

假木豆結果了

編 語

✿ 本植物與同屬近親白木蘇花 *D. umbellatum* (L.) Benth. 形態相近,其最大區別在於:假木豆的幼枝三稜形、托葉長於 0.6 公分;白木蘇花的幼枝圓柱形、托葉短於 0.5 公分。

美洲含羞草 豆科 Leguminosae

學名：*Mimosa diplotricha* C. Wright *ex* Sauvalle
別名：巴西知羞草、巴西含羞草、南美含羞草
分布：臺灣中南部平原至山區散見馴化自生
花期：5 ～ 8 月

【 形 態 】

亞灌木蔓狀，多分枝，繁茂，莖蔓長，具稜，密生細毛，具逆鉤刺。葉為二回羽狀複葉，互生，柄上有刺；小葉對生，約 10 ～ 30 對，觸之即閉合下垂，小葉片闊線形，基部鈍形或近圓形，先端鈍形或突尖，全緣。頭狀花序具長梗，腋出，多單生，花小，淡紅色。花萼細小或幾缺如。花冠 4 瓣，瓣片長橢圓形。雄蕊 8 枚，花絲粉紅色。花柱細長，子房球形。莢果線狀長橢圓形，密被銳刺毛，長 1.5 ～ 3.5 公分，寬約 0.5 公分。

美洲含羞草的根部經常可見根瘤菌 (箭頭處)

美洲含羞草的葉呈二回羽狀複葉

【藥用】

　　根或全草有鎮靜安神、散瘀止痛、止血收斂、消腫解毒之效，治目赤腫痛、支氣管炎、胃炎、病毒性肝炎、腎炎、風濕疼痛、經閉、無名腫毒等。

【實用】

　　本種根部易結瘤(指根瘤菌)，可吸收空氣中游離的氮氣，以供作物利用，具有改善土質的功能。

美洲含羞草的葉觸之即閉合下垂，但受刺激的敏感性較含羞草遲鈍。

美洲含羞草開花了

美洲含羞草的葉柄及莖佈滿了逆鉤刺

編　語

❀ 本植物原產南美洲，又植株酷似同屬植物含羞草(請參見本套書第 2 輯第 88 頁)，故名美洲含羞草。

豆薯 豆科 Leguminosae

學名：*Pachyrhizus erosus* (L.) Urban
別名：葛薯、葛瓜、沙葛、地瓜、土瓜、涼瓜、涼薯、土蘿蔔、地蘿蔔、草瓜茹、貧人果
分布：臺灣各地皆有栽培
花期：10 月至翌年 2 月

豆薯的塊根可供食用

豆薯的花序

生，花序梗長 20 ～ 30 公分，被黃色柔毛。苞片小，卵形。花萼長約 0.8 公分，鐘形。花冠蝶形，藍紫色或淡紫色，旗瓣近圓形，先端微凹，翼瓣稍呈倒卵形，基部有兩爪，龍骨瓣內曲。雄蕊10枚，二體。花柱內彎，柱頭球形。莢果長 6 ～ 10 公分，扁平，被柔毛。種子 8 ～ 10 粒，近方形而扁，棕褐色，光滑。

【 形態 】

一年生草質藤本，莖可達 6 公尺，具塊狀地下莖。三出複葉，互生，柄長 5 ～ 15 公分，小葉長 3 ～ 15 公分，寬 8 ～ 12 公分，頂生小葉廣卵形或菱形，上部葉緣往往稍呈齒牙狀或裂狀，側生小葉卵形或菱形，兩面均有毛。總狀花序腋

【 藥用 】

塊根有清肺生津、利尿通乳、清暑降壓、解酒毒之效，治熱病口渴、中暑煩渴、高血壓、糖尿病、慢性酒精中毒、酒醉口渴、肺熱咳嗽、肺癰、乳少、小便不利等。花能解毒、止血，治酒毒煩渴、腸風下血。種子有毒，能殺蟲、止癢，治疥癬、癰腫、皮膚搔癢；外用可治頭虱。

68

豆薯的莢果

豆薯的葉呈三出複葉

【方例】

❀ 治高血壓症、頭昏目赤、顏面潮紅、大便乾結：
地瓜去皮，搗爛絞汁，以涼開水和服，每服 1
酒杯，每日 2～3 次。(《食物中藥與便方》)

❀ 治慢性酒精中毒：鮮地瓜半斤 (去皮)，拌白
糖生食。(《四川中藥誌》1979 年)

❀ 治疥瘡、皮膚搔癢：(涼薯) 種子焙乾研粉，
取藥粉 30 克，用 60 克醋浸 10 小時後，取藥
液外塗。(《廣西本草選編》)

【實用】

塊根可直接生食，或炒食、煮湯、鹽漬，亦
可製粉、製肉丸或魚丸配料，風味酷似荸薺。

田菁 豆科 Leguminosae

學名：*Sesbania cannabina* (Retz.) Poir.
別名：山菁仔、向天蜈蚣、葉頂珠、鐵精草、細葉木藍、埃及田菁
分布：臺灣全境平地至低海拔山區，生長於空曠荒地，尤其是新近整過地的區域，原產埃及
花期：5 ～ 12 月

田菁即將開花的花蕾

田菁的花冠呈蝶形

【形態】

一年生亞灌木狀草本，高 1 ～ 3 公尺，幼枝被緊貼柔毛，熟時無毛。葉為偶數羽狀複葉，互生，具柄，小葉 20 ～ 40 對 (即大部分超過 20 對)，幾無柄，長 1 ～ 2 公分，寬 0.2 ～ 0.4 公分，長橢圓形，兩端鈍形，先端小尖突，全緣。總狀花序腋生，疏散，花 3 ～ 8 朵，花梗長約 0.5 公分。花萼鐘形，淡綠色，萼齒近三角形。花冠蝶形，黃色，有時具紫斑，旗瓣扁圓扇形，微凹頭，翼瓣短廣鐮形，龍骨瓣刀形。雄蕊 10 枚，二體。子房線形，花柱內彎。莢果圓柱狀細長形，直條或稍彎，長 15 ～ 20 公分，有尖喙。種子多數，長圓形，綠褐色。

【藥用】

葉有清熱涼血、解毒利尿之效，治小便淋痛、尿血、發熱、目赤腫痛、關節扭傷、關節疼痛、毒蛇咬傷等。根能澀精、縮尿、止帶，治糖尿病、男人下消、遺精、婦女子宮下垂、赤白帶下等。種子能消炎，治胸膜炎。

【方例】

🌸 治糖尿病：向天蜈蚣鮮根 5 錢至 1 兩、淮山藥 1 兩，加豬小肚 1 個，水煎飯前服。(《泉州本草》)

🌸 治男人下消、婦女赤白帶：向天蜈蚣鮮根 1 兩、銀杏 14 粒、冰糖 1 兩，水煎服。(《泉州本草》)

🌸 治尿道炎、尿血：向天蜈蚣鮮葉 2 ～ 4 兩，洗淨，搗爛絞汁，約 1 小杯，調冰糖少許燉服。(《泉州本草》)

🌸 治毒蛇咬傷：向天蜈蚣鮮葉 2 兩，搗爛絞汁，入黃酒 2 兩，燉服，渣敷患處。(《泉州本草》)

【實用】

莖葉作綠肥及飼料。莖皮纖維可代麻。種子可作石油打井的黏合劑。幼芽及嫩葉可供食用。

結滿果實的田菁

田菁的葉呈偶數羽狀複葉

編 語

🌸 本植物栽培於田間時，呈現一片青綠，故名「田菁」。而其種 (小) 名 *cannabina* 意為「像大麻的」，即形容其外形有點像大麻。

多花野豌豆　豆科 Leguminosae

學名：*Vicia cracca* L.
別名：草藤、透骨草、廣布野豌豆、山豌豆、肥田草、宿根巢菜、(細葉)落豆秧、川豆、佛豆、羅漢豆
分布：臺灣東部低海拔山區草地或荒廢地
花期：3～9月

【形態】

攀緣性草本，高 80～150 公分，莖細長，微被柔毛。葉為偶數羽狀複葉，互生，柄長 0.2～0.5 公分，小葉 4～6 對，葉軸頂端變為卷鬚，小葉片線形至長橢圓形，長 1.5～3 公分，寬 0.2～0.5 公分，基部鈍形，先端微凹頭，全緣。總狀花序腋生，花多數，密生。花萼筒狀鐘形，上萼片三角形，較短，下萼片披針形。花冠狹蝶形，紫紅、紫藍或藍色，旗瓣倒卵形，翼瓣和龍骨瓣合生。雄蕊 10 枚，二體。子房有柄，花柱細長。莢果窄長橢圓形，長 2.5～3 公分，扁平，光滑。種子 5～8 粒，近球形，黑色。

多花野豌豆的葉軸頂端變態為卷鬚，以利其攀附他物。

【藥用】

全草有祛風除濕、活血調經、解毒止痛之效，治風濕痺痛、咳嗽痰多、跌打腫痛、扭挫傷、(陰囊)濕疹、瘡毒、白帶、月經不調、血崩、便血、衄血、黃疸型肝炎等。

【方例】

❀治風濕性關節炎：透骨草、防風、蒼朮、黃柏各 5 錢，牛膝 7 錢，雞血藤 8 錢，水煎服。(《長白山植物藥誌》)

❀治陰囊濕疹：透骨草、花椒、艾葉各 5 錢，煎水熏洗。(《長白山植物藥誌》)

❀治小兒麻痺後遺症：透骨草、麻黃各 8 錢，木瓜、牛膝、當歸、蜂房各 5 錢，紅花、穿山甲各 3 錢，水煎後熏洗患肢，蓋被取汗，每日洗 2~3 次，每劑藥洗 2 天。(《長白山植物藥誌》)

【實用】

本種為常見綠肥植物，亦可作牧草。

多花野豌豆為常見綠肥植物之一

野豌豆　豆科 Leguminosae

學名：*Vicia sativa* L. subsp. *nigra* (L.) Ehrh.
別名：(大) 巢菜、薇菜、救荒野豌豆、(普通) 苕子、野菜豆、馬豆草、肥田草、麥豆藤
分布：臺灣全境中低海拔路旁、河床及荒廢地
花期：3 ～ 5 月

【形態】

攀緣性草本，高 25 ～ 90 公分，被白色柔毛，莖有稜。葉為偶數羽狀複葉，互生，柄長 0.1 ～ 0.2 公分，小葉 8 ～ 16 片，葉軸頂端變為卷鬚，小葉片長橢圓形、倒披針形或線形，長 0.8 ～ 1.8 公分，寬 0.2 ～ 1 公分，基部楔形，先端微凹且具芒尖，全緣。托葉箭形。花單 1 或 2 朵，腋生，長約 1.3 公分，具短花梗。花萼管狀，萼齒線形。花冠蝶形，紫色，旗瓣倒卵形，翼瓣及龍骨瓣合生。雄蕊 10 枚，二體。花柱纖細，上部有毛。莢果條狀線形，長 4 ～ 5 公分，寬 0.5 ～ 0.6 公分，熟時黑褐色。種子圓球形，棕色。

【藥用】

全草或種子有清熱利濕、祛痰止咳、止血生肌、和血祛瘀、利五臟、明目之效，治肝病、黃疸、腎虛腰痛、遺精、水腫、瘧疾、衄血、心悸、

野豌豆的托葉呈箭形 (箭頭處)

野豌豆的葉軸頂端變為卷鬚 (箭頭處)

咳嗽痰多、月經不調、瘡瘍腫毒、痔瘡等。

【方例】

❀ 治瘧疾：肥田草 1 兩，煨水服。(《貴州草藥》)

❀ 治流鼻血：肥田草 1 兩，煨甜酒吃。(《貴州草藥》)

❀ 治咳嗽痰多：肥田草種子 1 兩，煨水服。(《貴州草藥》)

❀ 治癰疽發背、疔瘡、痔瘡：馬豆草 3 錢，水煎服。外用適量，煎水洗患處。(《雲南中草藥》)

❀ 治腎虛遺精：野豌豆 1 兩，黃精、天門冬各 5 錢，仙茅 4 錢，杜仲 3 錢，朱砂 2 分，加豬蹄燉服。(《青島中草藥手冊》)

❀ 治陰囊濕疹：野豌豆 1 兩，艾葉、防風各 5 錢，水煎服或趁熱熏洗。(《青島中草藥手冊》)

❀ 治眼蒙夜盲：巢菜全草 1 兩，蒸豬肝食。(《湖南藥物誌》)

【實用】

本種為常見綠肥植物，亦可作牧草。

開花的野豌豆

第倫桃 第倫桃科 Dilleniaceae

學名：*Dillenia indica* L.
別名：擬枇杷、五椏果
分布：臺灣各地零星觀賞栽培
花期：4 ～ 8 月

開花的第倫桃

第倫桃的樹皮特寫

第倫桃的葉片側脈顯著，多數，互作平行排列。

【形態】

常綠喬木，高可達 30 公尺，側枝開展。單葉互生，柄長 5 ～ 10 公分，葉片長橢圓狀倒卵形，長 25 ～ 30 公分，寬 5 ～ 10 公分，基部寬楔形，先端短尖，粗鋸齒緣，側脈顯著，多數，互作平行排列。花單生於枝頂葉腋內，白色，大形，直徑 12 ～ 15 公分。花萼 5 片，肥厚肉質。花瓣 5 片，闊倒卵形。雄蕊多數，基部合生。柱頭多數，花瓣狀，亦有作菊花狀開展者。漿果球形，直徑 9 ～ 15 公分，包於肥大而呈革質的萼片內，內有透明帶黏液之果肉，藏有多數腎形且被茸毛之種子。

【藥用】

根或樹皮味酸、澀，性平。有收斂、解毒之效，治痢疾、腹瀉等。

【實用】

本植物可栽培作庭園樹及行道樹。果可食用。

第倫桃結果了

紅穗鐵莧　大戟科 Euphorbiaceae

學名：*Acalypha hispida* Burm. f.
別名：紅花鐵莧、長穗鐵莧、長穗人莧、狗尾紅
分布：臺灣各地偶見觀賞栽培
花期：幾乎全年

【形態】

常綠灌木，株高可達 2.5 公尺，幼枝葉被褐色絨毛。單葉互生，柄長 5 ～ 10 公分，被白色絨毛，葉片卵形或廣卵形，長 12 ～ 20 公分，寬 6 ～ 16 公分，先端短尖或漸尖，基部圓形或心形，鈍鋸齒緣。葇荑花序腋生，花單性。雄花生於小苞片腋內，萼片 4 裂，雄蕊 8 枚。雌花序長穗狀，下垂，深紅色，長 20 ～ 40 公分，花密生多數，無花瓣，子房 3 室，花柱細絲狀，3 枚，分離。果實為蒴果。

【藥用】

花穗有清熱利濕、涼血止血之效，治痢疾、腸炎、腹瀉、疳積等，外用治火燙傷、肢體潰瘍。根及樹皮能祛痰，治氣喘。葉為收斂劑。

【實用】

本種是園藝上重要的觀賞植物。

編　語

🌸本植物因花穗長而紅色，又植株形如莧菜，故有紅穗鐵莧、紅花鐵莧、長穗鐵莧等名稱。

印度人莧 大戟科 Euphorbiaceae

學名：*Acalypha indica* L.
別名：印度鐵莧
分布：臺灣南部及臺東之原野、農園、路旁自生
花期：冬至春季

【形態】

一年生草本，高 20 ～ 35 公分，直立，全株被短柔毛，多分短側枝，向四周伸展。單葉互生，柄長 2 ～ 3 公分，葉片菱形至卵形，長 1.8 ～ 3.6 公分，寬 1.4 ～ 2.7 公分，先端銳尖 (具短突尖)，基部楔形，葉的上半部鋸齒緣，下半部全緣，具明顯 3 出脈。花腋生，雌雄同株，花梗長。花梗先端具 Y 形附屬物，為本植物辨識之重要特徵。雄花球形，有時著生於花梗下端，有時於上端。雌花苞片呈蚌殼形，先端齒裂，淡綠色；子房 3 室。果實為蒴果，種子 3 粒。種子卵形，平滑。

【藥用】

全草有祛痰、緩瀉、利尿、驅蟲之效，治支氣管炎、肺炎、咳嗽、小兒寄生蟲症、疥癬、輪癬、發疹、皮膚病、風濕疼痛、蜈蚣咬傷等。

編　語
✿ 本植物之葉汁為小兒催吐良藥。

紅葉鐵莧 大戟科 Euphorbiaceae

學名：*Acalypha wilkesiana* Muell.-Arg.
別名：威氏鐵莧、紅桑、金邊桑
分布：臺灣各地偶見觀賞栽培
花期：幾乎全年

【形態】

常綠灌木，株高可達 5 公尺，全株被白色剛毛，多分枝。單葉互生，有柄，葉片心形或廣卵形，長 10 ～ 18 公分，寬 5 ～ 12 公分，先端短尖或漸尖，基部圓形或圓楔形，不規則鈍鋸齒緣，葉面常被綠色、紅褐色或紫色斑。花單性，雌雄異株或少數同株。雄花序穗狀，長 15 ～ 25 公分，紅褐色，小花多數簇生，每簇由 6 ～ 12 朵小花組成，花被 5 裂。雌花序長 10 ～ 15 公分，由 22 ～ 30 朵小花組成，具紅褐色苞片，心狀卵形，先端齒裂；子房綠色，被白色毛，花柱紅色，鬚狀。果實為蒴果。

【藥用】

全草或葉有清熱、解毒、消腫、涼血、止血之效，治感冒、咳嗽、咽喉腫痛、紫瘢、牙齦出血、再生障礙性貧血、血小板過低、暑熱等。

【實用】

本種是園藝上重要的觀賞植物。

鐵色

大戟科 Euphorbiaceae

學名：*Drypetes littoralis* (C. B. Rob.) Merr.
別名：鐵色樹
分布：臺灣恆春半島海岸珊瑚礁之叢林內，蘭嶼亦產之
花期：3～5月

鐵色開花了

【形態】

　　常綠小喬木，小枝圓形，平滑。單葉互生，具短柄，基部腋間常附生苞片數枚，葉片厚革質，長橢圓形或長橢圓狀卵形，長6～10公分，寬3～5公分，略作鐮刀狀彎曲，先端鈍形，基部銳形，全緣或波狀緣，表面光滑，側脈6～7對，下表面網狀顯著。果實核果狀，長約1.5公分，卵圓形，熟時橙黃色，果皮革質，光滑。

【藥用】

　　本種及其同屬植物多含萜類成分，可能具有抗菌作用。(作者)

【實用】

　　本植物為庭園常見綠化樹種之一。木材可作薪材。

結果的鐵色

假葉下珠 大戟科 Euphorbiaceae

學名：*Synostemon bacciforme* (L.) Webster
別名：桃實草、山蓮霧
分布：臺灣西部及南部近海岸地區
花期：3～5月

假葉下珠的萼6片，2輪。

【形態】

　　一年生草本，全株光滑，莖叢生，多分枝，枝具稜，多傾伏。單葉互生，葉柄極短(約0.1公分)，葉片長橢圓至長橢圓卵形，長1.5～2.5公分，寬0.5～1公分，肉質，先端銳尖，具小突尖頭，基部鈍或圓，全緣。托葉1對。花小，腋生，黃綠色，單性花，雌雄同株。無花瓣。萼6片，2輪。雄花單或數朵簇生，雄蕊3，花盤6裂。雌花單生，子房3室，花柱3。蒴果壺狀球形，長約0.6公分，花被、柱頭宿存。

【藥用】

新鮮全草外敷腫毒及跌打損傷。(作者)

假葉下珠的肉質葉互生

假葉下珠的花、果期常並存。

82

假葉下珠因海風吹襲，多傾伏。

編　語

❀厚厚的橢圓形肉質葉是本植物最大的鑑定特徵。

黃皮果 芸香科 Rutaceae

學名：*Clausena lansium* (Lour.) Skeels
別名：黃柑、黃枇、黃檀子、金彈子、番仔龍眼、黃皮子
分布：臺灣各地零星栽培
花期：3 ～ 4 月

黃皮果開花了

【 形 態 】

常綠小喬木，高可達 12 公尺，樹皮粗糙，具黑褐色皮目，幼枝有疣狀突起。葉互生，奇數羽狀複葉，小葉 5 ～ 11 枚，小葉柄短，小葉片橢圓形、長卵形或卵狀橢圓形，長 3 ～ 12 公分，寬 2 ～ 6 公分，先端漸尖，基部楔形，不對稱，全緣或微波緣，兩面光滑。圓錐花序頂生或腋生，花黃白色。萼片 5 枚，短三角形。花瓣 5 枚，匙形，稍反展。雄蕊 9 ～ 10 枚。子房 5 室，具短柄，密生淡黃色毛，柱頭扁圓盤狀。漿果球形或卵形，熟時黃色，密被短毛。種子 1 ～ 6 粒，綠色。

【 藥 用 】

（成熟）果實有消食、理氣、化痰之效，治食慾不振、胸膈滿痛、痰飲咳喘。種子（果核）能行氣止痛、解毒散結，治氣滯脘腹疼痛、睪丸腫痛、疝痛、經痛、小兒頭瘡、蜈蚣咬傷等。葉能疏風解表、除痰行氣，治溫病身熱、咳嗽、哮喘、氣脹腹痛、瘧疾、淋痛、熱毒疥癩。根能利尿消腫、行氣止痛，治黃疸、瘧疾、胃痛、感冒、疝痛、經痛、風濕骨痛等。

【 方 例 】

🌸 治疝痛：黃皮果、橘核各 3 ～ 5 錢，水煎服。（江西《中草藥學》）

🌸 治肝胃氣痛：生黃皮果曬乾，每日 10 個，水煎服。（《食物中藥與便方》）

🌸 治蛔蟲上攻，心下痛：黃皮果 6 錢（鮮者 2 兩），水煎，空腹服。（《食物中藥與便方》）

結果的黃皮果

🌸治絞腸痧(急性胃腸炎):黃皮果核2錢,嚼服。
　（《壯族民間用藥選編》）

🌸治(流行性)感冒、瘧疾:黃皮葉5錢至1兩,
　水煎服。(廣州部隊《常用中草藥手冊》)

🌸預防流感、流腦:黃皮果樹葉、龍眼樹葉各1
　兩,野菊花全草5錢,水煎服,每星期服3次。
　（《廣西民間常用中草藥手冊》）

🌸治胃、十二指腸潰瘍:黃皮根1兩,酒水燉服。
　（《福建藥物誌》）

【 實用 】

本植物可作誘鳥樹或園景樹。果實味酸或
甘,可生食或製飲料。

黃皮果的花特寫

編　語
🌸由於黃皮果能消食,大陸有句俗諺便曰:「飢食荔枝,飽食黃皮」。

月橘 芸香科 Rutaceae

學名：*Murraya paniculata* (L.) Jack.
別名：七里香、九里香、千里香、五里香、滿山香、過山香、千隻眼
分布：臺灣全境平野山麓極為普遍
花期：7～9月

月橘的樹皮蒼灰色

【形態】

常綠灌木或小喬木，高3～8公尺，樹皮蒼灰色，分枝甚多，枝條纖細，全株光滑。奇數羽狀複葉互生，長8～15公分，小葉近於無柄，3～5對，小葉片卵形至倒卵形，基部楔形，先端鈍形或短漸尖形，全緣，上表面具光澤。3至數朵花之聚繖花序，頂生或腋出，極芳香。花萼淺鐘形，5裂。花瓣白色，5枚，長約1.2公分，長橢圓形。雄蕊10枚，5長5短，花絲平滑。子房2室，各具1胚珠。漿果球形或卵形，先端尖銳，熟時紅色。種子1～2粒，半圓形，種皮具棉質毛。

【藥用】

枝葉為麻醉止痛劑，有行氣活血、解毒消腫、散瘀止痛、祛風除濕之效，治脘腹氣痛、風濕痺痛、跌打腫痛、瘡癤、蛇蟲咬傷等。根能祛風除濕、散瘀止痛，治風濕、腰膝冷痛、痛風、跌打、睪丸腫痛、濕疹、疥癬。花能理氣止痛，治氣滯胃痛。

月橘的奇數羽狀複葉

月橘的熟果呈紅色

開花的月橘

【方例】

❀ 治久年痛風：九里香 (乾) 根 5 錢至 1 兩，酒水煎服。(《福建中草藥》)

❀ 治慢性腰腿痛：九里香 (鮮) 根 1 兩、續斷 3 錢，水煎服。(《福建藥物誌》)

❀ 治胃氣痛：九里香 (乾) 花 1 錢、香附 3 錢，水煎服。(《福建藥物誌》)

❀ 治胃痛：九里香 (乾) 葉 3 錢、煅瓦楞子 1 兩，共研末，每服 3 克，每日 3 次。(《香港中草藥》)

【實用】

本植物可供觀賞或作生籬。木材可製小型器具。果實可食。

編　語

❀ 本植物的花極香，故別名中常會出現「九里」、「千里」、「滿山」、「過山」等用語，以形容其香味之遠飄。

無患子

無患子科 Sapindaceae

學名：*Sapindus mukorossi* Gaertn.

別名：黃目樹、目浪樹、苦患樹、肥皂樹、洗手果、桂圓肥皂、木羅、
欒樹、檖樹

分布：臺灣海拔 1000 公尺以下闊葉樹林中

花期：4～6 月

【形態】

落葉大喬木，高可達 20 公尺。偶數羽狀複葉，互生，葉柄帶有稜角，小葉 4～8 對，小葉片披針形或鐮刀形，長 8～15 公分，寬 3～5 公分，有柄，基部歪斜，先端銳尖，全緣，上表面側脈顯著。雜性花，圓錐花序腋出或頂生，花小型。萼片 5 片。花瓣 5 片，白色或淡紫色，具緣毛，基部兩側各有小裂片 1 片。雄蕊 8～10 枚。花絲被毛。花盤明顯。核果扁球形，直徑約

無患子結果了

無患子的花序特寫

2公分，熟時呈黃色或橙褐色，平滑，基部具有極顯著之花盤及未發育之子房裂片 1～2 片。種子 1 粒，球形，黑色，堅硬，種臍周圍附有白色絨毛。

【藥用】

根有清熱解毒、行氣止痛、宣肺止咳之效，治風熱感冒、咳嗽、哮喘、胃痛、尿濁、帶下、咽喉腫痛等。種子(稱黃目子)有小毒，能清熱、祛痰、消積、殺蟲，治白喉、咽喉腫痛、乳蛾、咳嗽、頓咳、食滯蟲積；外用治陰道滴蟲。樹皮能解毒、利咽、祛風、殺蟲，治白喉、疥癩、疳瘡。嫩枝葉可治頓咳；外用治蛇咬傷。花治眼瞼浮腫、眼痛等。

無患子的花序屬於圓錐花序

【方例】

- 治風熱感冒：無患子根 5 錢、桑葉 3 錢，水煎服。(《安徽中草藥》)
- 治慢性胃炎：蒲公英 6 錢、無患子根 5 錢，水煎服。(《安徽中草藥》)
- 治喉蛾：無患子核、鳳尾草各 3 錢，水煎服。(《福建藥物誌》)
- 治哮喘：(無患子) 種子研粉，每次 2 錢，開水沖服。(《浙江藥用植物誌》)

【實用】

木材可製用具或造箱櫃。果皮 (稱延命皮) 為天然肥皂，可洗濯衣物。

無患子的莖幹

臺灣山產店常可見販售以無患子所製成的肥皂，或將無患子果實 (亦稱黃目子) 直接展售。

無患子的植物體經常可見蟲癭出現

無患子也被當成園景植物栽培

無患子的羽狀複葉

無患子的小葉基部歪斜

漢氏山葡萄 葡萄科 Vitaceae

學名：*Ampelopsis brevipedunculata* (Maxim.) Trautv. var. *hancei* (Planch.) Rehder
別名：山葡萄、大本山葡萄、大葡萄、冷飯藤、蛇葡萄、耳空仔藤、糞苷藤、蝦鬚藤
分布：臺灣全境平野及低海拔山麓叢林內
花期：5 ～ 8 月

【 形 態 】

　　落葉性藤本，節部膨大，卷鬚 2 歧。單葉互生，柄長 1 ～ 6 公分，葉片三角狀心形，上部偶為 3 ～ 5 淺裂，長 3 ～ 12 公分，寬 4 ～ 10 公分，基部心形、圓形或近截形，先端漸尖或突尖形，鈍鋸齒緣，下表面淡綠色，脈上疏被毛。聚繖花序與葉對生，花細小，直徑 0.1 ～ 0.2 公分，淡綠色。花萼 5 齒裂。花瓣 5 片，長約 0.15 公分，

漢氏山葡萄的果實成熟時呈碧藍色

長卵形，早落。花盤直立，全緣。雄蕊 5 枚，與花瓣對生。漿果球形，直徑 0.5～0.8 公分，嫩時綠白而帶紫色，熟時碧藍色，外被斑點。種子 1～3 粒，三角狀卵形。

【藥用】

根及粗藤有清熱解毒、袪風活絡、消炎止痛、散瘀破結、利水消腫、止血之效，治風濕關節痛、四肢酸痛、跌打損傷、小兒氣瘀、嘔吐、泄瀉、瘡瘍腫毒、外傷出血、燒燙傷、腎炎、肝炎、淋病等。新鮮藤搗汁滴耳內，可治中耳炎。

【方例】

❀袪風：大本山葡萄 80～200 公分，半酒水燉排骨服。(《臺灣植物藥材誌(二)》)

❀治淋病：馬鞍藤 40 公分、通草根 32 公分、山葡萄根 20 公分，二次米泔水燉粉腸服。(《臺灣植物藥材誌(三)》)

❀主瘡癤，消腫：大山葡萄頭 40 公分，酒少許燉服。(《臺灣植物藥材誌(三)》)

❀治眼病，消散(退癀)：大山葡萄、山芙蓉、千里光、龍船花根各 40 公分，燉雞肝或雞蛋服。(《臺灣植物藥材誌(三)》)

❀治無名腫毒：大本山葡萄、觀音串、七葉根、烏子仔菜頭、雙面刺、土茯苓各 20 公分，水煎服。(《臺灣植物藥材誌(三)》)

❀治胃病、下消：山葡萄 150 公分，水煎服。(《臺灣植物藥材誌(三)》)

漢氏山葡萄屬藤本植物

漢氏山葡萄的花序特寫

椬梧

胡頹子科 Elaeagnaceae

學名：*Elaeagnus oldhamii* Maxim.
別名：柿糊、福建胡頹子、鍋底刺、山雞艼、雞叩頭
分布：臺灣全境平地至海拔 500 公尺山區
花期：4 ～ 11 月

椬梧的果實外皮呈銀白色

椬梧的短枝常成針刺狀，若不仔細瞧，還不容易發現呢！此為其「鍋底刺」別名之由來。

著。花 2 ～ 3 朵叢生，腋出。花被筒長約 0.5 公分，4 裂，裂片卵圓形，外被鱗痂。雄蕊 4 枚。核果球形，直徑約 0.7 公分，外皮銀白色，熟時紅色。

【 藥 用 】

根及莖 (藥材稱椬梧頭、椬梧根或軟枝椬梧頭) 有祛風除濕、活血散瘀、降散痰火、下氣定喘、固腎、消腫、潤肺之效，治風濕神經痛、久年風傷、月內風、月經不調、肺癰、腎虧腰痛、跌打等。全株或果實能祛風理濕、下氣定喘、固腎，治疲倦乏力、泄瀉、胃痛、消化不良、風濕關節痛、哮喘、久咳、腎虧腰痛、盜汗、遺精、帶下、跌打等。葉能下氣定喘，治哮喘。

【 形 態 】

常綠灌木或小喬木，嫩枝及芽被鱗痂，短枝常成針刺狀。單葉互生而叢集枝梢，柄長約 0.4 公分，表面有溝，被鱗痂；葉片厚革質，倒卵形，長 3 ～ 6 公分，寬 1 ～ 2.5 公分，基部銳尖，先端圓形而常微凹，全緣，微反捲，上表面綠色，被鱗痂，下表面被銀白色鱗痂及褐色斑點，中肋表面不顯明，而於背面凸出，側脈兩面均不顯

【 方 例 】

❀治風濕、跌打：椬梧頭、黃金桂、萬點金、蔡鼻草頭各 20 公分，煮酒服。(《臺灣植物藥

材誌 (三)》)

🌸 治腳風：軟枝樀梧頭、紅雞香藤、黃金桂、
埔銀頭、小金英、武靴藤各 40 公分，紅花、
蔥根少許，半酒水燉服。(《臺灣植物藥材誌
(三)》)

🌸 治風濕：(1) 樀梧頭、萬點金、雨傘仔、黃金
頭、兔耳頭各 40 公分，半酒水燉豬腳或豬尾
服。(2) 樀梧頭、黃金桂、番仔刺頭、大風草、
風藤、王不留行各 30 公分，半酒水燉豬腳服。
(《臺灣植物藥材誌 (三)》)

🌸 治月內風：樀梧根、風藤、洗衫扒頭各 20 公
分，半酒水煎服。(《臺灣植物藥材誌 (三)》)

🌸 治久年風傷：(1) 樀梧頭、丁豎杇、小金英、
雙面刺、胡椒刺 (三加，即三葉五加) 各 16
公分，煮酒服。(2) 樀梧頭、埔鹽仔頭、青皮
貓、鐵釣竿、黃金桂各 30 公分，半酒水燉排
骨服。(3) 樀梧頭、哆哖根、龍船花頭、青皮
貓各 20 公分。若熱症加酒三分之一服。(《臺
灣植物藥材誌 (三)》)

🌸 治手腳骨節酸、運動過度、大腿痛：樀梧頭、
紅內葉刺、番仔刺、黃金桂。若腳風加牛七，
手風加桂枝。半酒水燉排骨服。(《臺灣植物
藥材誌 (三)》)

🌸 治四肢酸痛無力：樀梧頭、番仔刺、紅水柳、
一條根、不留行、芙蓉頭、秤飯藤、豆葉雞
血藤、鳥踏刺、骨碎補、山桃寄生各 20 公分，
酒燉雞或赤肉服。(《臺灣植物藥材誌 (三)》)

🌸 治胃熱口渴、產後口渴：樀梧根、觀音串、
朽骨消根各 20 公分，水煎服。(《臺灣植物藥
材誌 (三)》)

樀梧的果實成熟時呈紅色

樀梧葉子的上表面綠色，被鱗痂，下表面被銀白色鱗
痂及褐色斑點。

開花的植梧

治咳嗽：植梧根、抱壁家蛇、雞屎藤、鼠尾癀、桑根、山苦麻，煎水加冰糖服。(《臺灣植物藥材誌(三)》)

【實用】

本植物為常綠性，亦可作景觀植物栽培。成熟果實可食，果肉味香。

編　語

❀ 植梧頭為臺灣民間用於治男女發育不良之重要轉骨藥材之一，單味入藥可用 40 公分，燉排骨、雞或豬腳服。

胡頹子

胡頹子科 Elaeagnaceae

學名：*Elaeagnus pungens* Thunb.

別名：蒲頹子、甜棒捶、牛奶子、假燈籠、柿蒲、土萸肉、補陰丹、野枇杷

分布：臺灣各地偶見栽培

花期：9 ～ 12 月

【形態】

常綠直立灌木，高可達 4 公尺，具刺，枝條下垂性，小枝密被鏽色鱗片，老枝鱗片脫落後顯黑色，具光澤。單葉互生，柄長 0.5 ～ 0.8 公分，葉片革質，橢圓形或闊橢圓形，長 5 ～ 10 公分，寬 2 ～ 5 公分，兩端鈍或基部圓形，邊緣微反捲或微波狀，上表面綠色，有光澤，下表面銀白色，密被銀白色鱗痂及少數褐色斑點，側脈 7 ～ 9 對。花 1 ～ 3 朵生於葉腋，白色或銀白色，下垂，被鱗片。花被筒漏斗形或圓形，長約 0.6 公分，4 裂。雄蕊 4 枚。核果橢圓形，幼時被褐色鱗片，熟時紅色。

【藥用】

果實有健脾消食、止咳平喘、收斂止瀉、止血之效，治痢疾、泄瀉、食慾不振、消化不良、咳嗽、氣喘、崩漏、痔瘡下血等。葉能止咳平喘、止血、解毒，治肺虛咳嗽、氣喘、咳血、吐血、外傷出血、癰疽、痔瘡腫痛等。根能祛風利濕、活血止血、止咳平喘、斂瘡解毒，治吐血、便血、月經過多、黃疸、水腫、風濕、小兒疳積、咳喘、咽喉腫痛、跌打等。

【方例】

❀ 治腹瀉、不思飲食：胡頹子果 5 ～ 8 錢，水煎服。(《青島中草藥手冊》)

❀ 治腳軟無力：胡頹子果、席草根各 5 錢，煮雞蛋食。(《湖南藥物誌》)

❀ 治崩漏、白帶、大便下血經久不癒：胡頹子果 2 兩，豬大腸 3 兩，大棗 5 個，黃酒適量，

胡頹子果實熟時呈紅色

胡頹子為常綠灌木，但枝條下垂性。

加水煮熟，吃腸喝湯。(《河南中草藥手冊》)

❀治支氣管哮喘：胡頹子葉 5 錢、百部 3 錢、紫菀 2 錢，水煎服。(《青島中草藥手冊》)

❀治脾虛久瀉：胡頹子根 1 兩、桂圓肉 5 錢，水煎服。(《安徽中草藥》)

❀治咽痛失音：胡頹子根 1 兩、川連 2 錢，水煎服。(《泉州本草》)

【實用】

本植物成株結實纍纍，亦可作觀果植物栽培。成熟果實多汁，味酸甜，微澀，可生食，製果酒、果露或果醬。

在胡頹子果期時，鳥類經常吃光其果肉，僅剩粒粒果核還留於枝上。

胡頹子葉子的下表面密被銀白色鱗痂及少數褐色斑點

胡頹子具刺

槭葉栝樓 葫蘆科 Cucurbitaceae

學名：*Trichosanthes laceribracteata* Hayata
別名：長萼栝樓、裂苞栝樓、大苞栝樓
分布：臺灣全境中、低海拔山區灌叢中
花期：5～8月

槭葉栝樓的卷鬚

【形態】

　　草質攀援藤本，塊根肥大，卷鬚通常2～3分叉。單葉互生，膜質至紙質，柄長3～8公分，葉片寬卵形至圓形，長、寬均8～18公分，3～7深裂，基部心形，先端尖形至急尖，不規則鋸齒緣，上面粗糙，下面近無毛。雌雄異株，花白色。雄花排列呈總狀花序，苞片大，倒卵形，花冠裂片流蘇狀，雄蕊3枚，花藥靠合，藥室折曲。雌花單生。瓠果球形，具白斑點，有10條綠色

結果的槭葉栝樓

槭葉栝樓葉子形似槭樹之葉形，故名。

的縱條紋，熟時橙紅色。種子橢圓形，扁平，光滑。

【藥用】

　　根可作「天花粉」藥材使用，有生津止渴、消腫毒之效，治熱病口渴、癰瘡腫毒等。果皮能清熱、化痰、滑腸，治熱痰咳嗽、咽喉腫痛、便秘等。

【方例】

❀治內熱痰多咳嗽：天花粉1兩，杏仁、桑白皮、貝母各3錢，桔梗、甘草各1錢，水煎服。(《本草匯言》)

❀治虛熱咳嗽：天花粉1兩、人參3錢，為末。每服1錢，米湯服。(《瀕湖集簡方》)

槭葉栝樓常藉由其他植物體攀援

水莧菜 千屈菜科 Lythraceae

學名：*Ammannia baccifera* L.

別名：仙桃草、結筋草、水靈丹、節節花、細葉水莧、漿果水莧

分布：臺灣全境低海拔濕地

花期：8 ～ 11 月

水莧菜的葉對生 (圖中尺規最小刻度為 0.1 公分)

【 形 態 】

一年生草本，高 10 ～ 50 公分，莖直立，多分枝，帶淡紫色，稍呈 4 稜。單葉對生，近於無柄，葉片長橢圓形、披針形或倒披針形，長 1 ～ 3 公分，寬 0.5 ～ 1 公分，先端短尖或鈍形，基部漸狹，側脈不明顯。聚繖花序腋生，花較密集，花梗長僅 0.15 公分，幾無總花梗，花極小，綠色或淡紫色，通常無花瓣。花萼蕾期鐘形，萼齒 4，正三角形，果期半球形，包圍蒴果下半部。雄蕊通常 4 枚，貼生於萼筒中部，與花萼裂片等長或較短。子房球形，花柱極短或無花柱。蒴果球形，紫紅色。種子多數，極小，近三角形。

【 藥 用 】

全草有散瘀止血、除濕解毒之效，治跌打損傷、內外傷出血、骨折、風濕痺痛、蛇咬傷、癰瘡腫毒、疥癬等。葉為劇烈引赤發泡藥，外用治傴僂質期痛、發燒等，亦治疱疹性潰瘍。

【 方 例 】

❀ 治用力過度，勞傷疼痛：(1) 水莧菜全草 3 兩，酒 16 兩，浸泡，早晚服 1 小杯；(2) 水莧菜全草 2 錢，研末，開水沖服。(《湖南藥物誌》)

❀ 治外傷出血：水莧菜 (焙)1 兩，冰片 3 分，研末撒傷處。(《湖南藥物誌》)

水莧菜喜生於潮濕環境中

多花水莧菜 千屈菜科 Lythraceae

學名：*Ammannia multiflora* Roxb.
別名：多花水莧、仙桃草、耳水莧
分布：臺灣全境平地至低海拔山區濕地，稻田尤多
花期：8 ～ 12 月

結果纍纍的多花水莧菜

【形態】

　　一年生草本，高 20 ～ 30 公分，莖直立，4稜形，枝條短。單葉對生，無葉柄，葉片廣線形至披針狀長橢圓形，長 2.5 ～ 5 公分，寬 0.3 ～ 1.2 公分，基部心形至略耳狀，先端銳尖至略鈍。聚繖花序腋生，花明顯具梗。花萼倒圓錐形，具四稜，上部 4 裂，裂片呈短三角形。花瓣 4 ～ 5 枚，紫紅色或白色，近圓形，早落，有時被誤以為無花瓣。雄蕊 4 枚。雌蕊 1 枚，柱頭單一。蒴果球

多花水莧菜開花了　　多花水莧菜的根系

多花水莧菜多見於潮濕的稻田中

形，紅棕色，半包被於宿存花萼。種子小，棕色。

【藥用】

　　全草有健脾利濕、行氣散瘀之效，治脾虛厭食、胸膈滿悶、急慢性膀胱炎、白帶過多、跌打瘀腫作痛等。

【方例】

❀治脾虛厭食：耳水莧鮮草每次1兩、生蔥3株，合煎飲，連服2～3次。(臺灣，原方出自《泉州本草》)

編　語

❀本植物為兩棲性，沉水葉會大型化，其在分類上仍有爭議，有學者主張它應為耳葉水莧菜 *A. arenaria* H. B. K.，此處依《臺灣植物誌》(第2版)定名為多花水莧菜，但臺灣民間早已將其視為耳葉水莧菜入藥，故藥用從耳葉水莧菜之記載。

紫薇 千屈菜科 Lythraceae

學名：*Lagerstroemia indica* L.
別名：猴郎達樹、百日紅、滿堂紅、癢癢樹、不耐癢樹、
　　　怕癢樹、無皮樹、紫槿樹、紫荊
分布：臺灣各地零星栽培
花期：6～9月

由紫薇的果序可看出其花序呈圓錐狀

紫薇常花、果期並存。

【形態】

　　落葉灌木或小喬木，樹皮棕褐色或灰色，平滑，小枝具狹翼，四稜形。單葉互生或近對生，幾無柄，葉片橢圓形至近圓形，長3～6公分，寬1.5～3.5公分，先端鈍形，有時微凹，基部鈍圓形，全緣。圓錐花序頂生，花白色、深紅色、紅色至紫色，花徑3～3.5公分。花萼闊鐘形，萼筒外部無稜槽，先端6淺裂，裂片三角形。花瓣6片，具長瓣柄，瓣面波狀皺曲。雄蕊多數，外側6枚較長(著生於花萼上)。花柱細長，柱頭頭狀。蒴果橢圓狀球形，直徑約1公分。種子有翅，長約0.8公分。

【藥用】

　　花有活血止血、清熱解毒之效，治小兒胎毒、小兒驚風、胎動不安、肺癆咳血、血崩、帶下、月經不調、痢疾、跌打損傷、癰瘡腫毒、疥

癬等。葉能清熱解毒、利濕止血，治痢疾、黃疸、乳癰、濕疹、癰瘡腫毒、外傷出血。根能活血止血、清熱利濕、止痛，治痢疾、水腫、燒燙傷、濕疹、癰腫瘡毒、跌打損傷、血崩、偏頭痛、牙痛、痛經、產後腹痛等。莖皮及根皮(稱紫薇皮、紫荊皮)能清熱解毒、利濕祛風、散瘀止血，治無名腫毒、丹毒、乳癰、咽喉腫痛、肝炎、疥癬、跌打損傷、崩漏、帶下、內外傷出血等。

【方例】

❀ 治赤白痢疾、急性傳染性黃疸型肝炎：紫薇根、葉各5錢，水煎服。(《青島中草藥手冊》)

❀ 治偏頭痛：紫薇根1兩、豬瘦肉2兩(或雞、鴨蛋各1個)，同煎服。(《(江西)草藥手冊》)

紫薇也有開白花者

❀治經痛：紫薇根、丹參各 3 錢，制香附、益母草各 4 錢，川芎 1.5 錢，煎服。(《安徽中草藥》)

❀治婦女月經提前，腹痛 (經水鮮紅者)：紫荊皮、黃柏皮、粉丹皮各 3 錢，煎水服。(《重慶草藥》)

【實用】

本種是園藝上重要的觀賞植物。

開花的紫薇

紫薇的成熟果實 (圖中尺規最小刻度為 0.1 公分)

紫薇的種子有翅 (圖中尺規最小刻度為 0.1 公分)

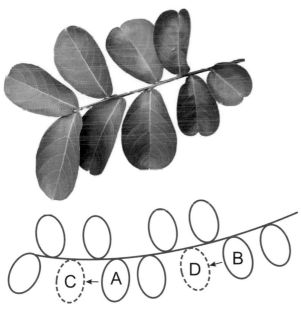

紫薇的葉序呈特別的互生關係 (如下簡圖之實線部份)，不同於其他植物，此為辨別它的重要特徵之一。而一般植物葉子的互生關係，簡圖中的 A 應移至 C 的位置，B 應移至 D 的位置。

紫薇的樹皮常平滑似無皮，別稱無皮樹。

大花紫薇 千屈菜科 Lythraceae

學名：*Lagerstroemia speciosa* (L.) Pers.
別名：大葉紫薇、大果紫薇、白日紅
分布：臺灣各地行道樹或庭園栽培
花期：6 ～ 8 月

大花紫薇的花特寫

【形態】

落葉喬木，高可達 15 公尺，樹皮灰色，平滑，枝圓柱形，無毛。單葉互生或近對生，柄短，葉片橢圓形或卵狀橢圓形，稀披針形，長 10 ～ 25 公分，寬 6 ～ 12 公分，先端鈍形或短尖，基部闊楔形至圓形，全緣，兩面均無毛。圓錐花序頂生，花大，淡紅色或紫色，花徑 5 公分。花萼壺形，具 12 條縱稜或縱槽，先端 6 淺裂，裂片三角形，反曲。花瓣 6 片，幾不皺縮，瓣柄短，不規則波狀緣。雄蕊多數。子房球形，花柱比雄蕊長。蒴果近球形，直徑約 3 公分。種子有翅，扁平。

【藥用】

根有斂瘡、解毒之效，主治癰瘡腫毒。樹皮及葉能止瀉。種子能麻醉。嫩枝可煨敷在牙疼處治牙疼。

【實用】

本種是園藝上重要的觀賞植物。

大花紫薇的初生果，圖中亦可清楚觀察到其花萼所具有的縱稜 (箭頭處)。

開花的大花紫薇

大花紫薇的蒴果開裂

編　語

❀本植物的葉被研究發現具有降血糖作用，其活性指標成分為 corosolic acid，而日本、美國、印度等地皆有商品上市。

拘那花 千屈菜科 Lythraceae

學名：*Lagerstroemia subcostata* Koehne
別名：九苣、九荊、小果紫薇、南紫薇、苞飯花、馬鈴花、蚊仔花、
　　　猴不爬、猴難爬
分布：臺灣全境平地至海拔 1600 公尺之山區
花期：6 ～ 8 月

拘那的樹幹經常是光禿的

【形態】

　　落葉喬木或灌木，高可達 14 公尺，樹皮薄，棕褐色或灰白色，平滑，小枝近圓柱形或有明顯 4 稜。單葉互生或近對生，柄短，葉片長圓形或長圓狀披針形，稀卵形，長 2 ～ 10 公分，寬 2 ～ 4 公分，先端漸尖，基部闊楔形，全緣。圓錐花序頂生，花小，密生，白色，花徑約 1.3 公分。花萼鐘形，先端 5 ～ 6 淺裂，裂片三角形。花瓣

拘那花的葉序與紫薇相同，亦呈特別的互生關係 (參見本書第 109 頁)。

6片，具長瓣柄，瓣面波狀皺曲。雄蕊多數，其中5～6枚較長(著生於花萼上)。花柱細長，柱頭頭狀。蒴果長橢圓形，3～6瓣裂。種子有翅。

【藥用】

花或根有解毒、散瘀、截瘧之效，治癰瘡腫毒、瘧疾、腹痛、蛇咬傷、鶴膝風等。

【方例】

❀治瘧疾：九芎根5錢，水煎服。(臺灣)

【實用】

本種是園藝上重要的觀賞植物。

開花的拘那花

編　語

❀本種樹皮薄，且經常換皮，常見樹幹光禿，人們戲稱連爬樹高手猴子都爬難以攀爬，故有猴不爬、猴難爬等別名。

指甲花 千屈菜科 Lythraceae

學名：*Lawsonia inermis* L.
別名：散沫花、染指甲、柴指甲、番桂、指甲木、手甲木、乾甲樹
分布：臺灣各地零星栽培
花期：4～8月

指甲花的莖圓柱形，樹皮薄縱裂。

【形態】

　　大灌木，高可達6公尺，莖圓柱形，小枝略呈四稜形，無毛。單葉交互對生，有短柄，葉片橢圓形、橢圓狀長圓形或卵形，長2～5公分，寬1～2公分，先端漸尖，基部楔形，全緣。圓錐花序頂生或腋生，長10～20公分，具濃郁花香，花白色、綠白色或粉紅色。花萼短鐘形，深4裂。花瓣4枚，闊卵形，略長於萼裂片，邊緣內捲。雄蕊通常8枚，伸出花冠外，花藥近圓形。子房近球形，4室，花柱絲狀，略長於雄蕊。蒴果球形，不規則開裂，內藏種子多數，種子有稜。

開花的指甲花

【藥用】

　　葉有收斂、止血、消腫、消炎之效，治指疔（俗稱蛇頭）、膿性指頭炎、喉痛、聲啞、胃病、創傷出血、遺精、白帶、頑性痘瘡、皮膚病、風濕病等。根可治小兒瘡癤、眼疾、軟骨發育不全（身高低矮）。樹皮治黃疸、精神病、脾臟腫大、結石、皮膚病、火燙傷等。花治頭痛。果實能通經。

【方例】

❀治指疔（生蛇頭）、膿性指頭炎：取鮮葉搗敷患部。（《原色臺灣藥用植物圖鑑(2)》）

結果的指甲花

指甲花的果實

指甲花的葉呈交互對生

野牡丹

野牡丹科 Melastomataceae

學名：*Melastoma candidum* D. Don
別名：金石榴、金榭榴、山石榴、野石榴、埔筆仔、九螺仔花、狗力仔頭、(王) 不留行、
　　　不流行、豬母草、活血丹、倒罐草、高腳稔、高腳埔梨、大號天番爐、水哆呸
分布：臺灣全境低海拔地區
花期：4 ～ 7 月

野牡丹的花大型艷麗，很能吸引人們的目光。

【形態】

　　常綠小灌木，高可達 3 公尺，莖鈍四稜形或近圓柱形，莖、葉柄密被緊貼的鱗片狀糙伏毛。單葉對生，柄長 1 ～ 5 公分，葉片卵形或廣卵形，長 7 ～ 12 公分，寬 2 ～ 8 公分，先端鈍尖，基部鈍圓形，全緣，兩面皆被毛，基出脈 5 ～ 7 條。

　　聚繖花序頂生，由 3 ～ 7 朵花組成。萼筒壺形，先端 5 裂，裂片卵形或略寬。花瓣玫瑰紅色或粉紅色，倒卵形，長 3 ～ 4 公分，先端圓形，密被緣毛。雄蕊 2 型，5 長 5 短，長者藥隔基部伸長，彎曲，末端 2 深裂，短者藥室基部具一對小瘤。子房 5 室。蒴果壺形，密被鱗片狀糙伏毛，種子鑲於肉質胎座內。

【藥用】

　　根及粗莖 (臺灣民間藥材稱王不留行) 有健

野牡丹的花、果期經常並存。

脾利濕、活血止血、通經下乳、消炎去傷之效，治消化不良、食積腹痛、瀉痢、便血、衄血、月經不調、乳汁不通、風濕痺痛、頭痛、跌打損傷等。全株能消積利濕、活血止血、清熱解毒，治食積、瀉痢、肝炎、跌打腫痛、外傷出血、衄血、咳血、吐血、便血、月經過多、崩漏、產後腹痛、白帶、乳汁不下、血栓性脈管炎、腸癰、瘡腫、毒蛇咬傷等。果實能活血止血、通經下乳，治崩漏、痛經、經閉、難產、產後腹痛、乳汁不通等。

【方例】

● 治風濕：王不留行 55 公分，煎水服。(《臺灣植物藥材誌 (一)》)

● 治風濕、骨折：王不留行、橄欖根、牛乳埔、椿根、埔鹽各 20 公分，半酒水，燉赤肉或雞服。(《臺灣植物藥材誌 (一)》)

● 治婦女月經 1 ～ 2 年不通：王不留行、鴨匙癀各 40 公分，水煎汁，再加當歸 10 公分，燉烏雞服。(《臺灣植物藥材誌 (一)》)

● 治跌打：王不留行 75 公分，或加山埔銀 40 公分，半酒水，煎服。(《臺灣植物藥材誌 (一)》)

● 治肺癰：(1) 王不留行 110 公分，加少許冰糖服。(2) 王不留行、抹草頭各 40 公分，水煎，或燉赤肉服。(《臺灣植物藥材誌 (一)》)

● 治肺積水：王不留行、冇骨消根各 40 公分，燉赤肉服。(《臺灣植物藥材誌 (一)》)

● 治乳汁稀少：乾野牡丹果實 5 錢，或加穿山甲 3 錢、通草 2 錢，豬腳 1 節，水燉服。(《福建中草藥》)

● 治男性不孕症：王不留行、羅芙木、大葉千斤拔、白粗糠、白射榴各 1 兩，燉雞服。(臺灣)

● 治坐骨神經痛、腰痛、背痛：王不留行、白龍船、白石榴、白粗糠燉排骨服。若手痛加軟枝椬梧，腳痛則加牛膝。(臺灣)

【實用】

本植物花人型，適合作為園景植物。

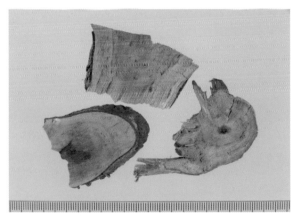

臺灣市售本地產之「王不留行」藥材，即為野牡丹根及粗莖之切片 (圖中尺規最小刻度為 0.1 公分)

編　語

※ 中醫師常用中藥材王不留行，乃石竹科植物麥藍菜 *Vaccaria segetalis* (Neck.) Garcke 之成熟種子，其於《神農本草經》早已記載。而此處所談野牡丹之根及粗莖亦名「王不留行」，則屬臺灣地區之民間藥，名稱相同可能與其民間之應用藥效相近有關。兩者宜區別，切勿混淆。

芹菜 繖形科 Umbelliferae

學名：*Apium graveolens* L.
別名：旱芹、洋芹、白芹、香芹、藥芹、南芹菜、和藍鴨兒芹
分布：臺灣全境各地皆可見栽培
花期：4 ～ 7 月

芹菜的果實

開花結果的芹菜，為農人「取種(子)」的刻意安排。

芹菜的粗莖明顯具縱稜

【形態】

　　一或多年生草本，高 15 ～ 150 公分，全株具強烈香氣，根細圓錐形，莖直立，光滑，下部分枝，叢生。根生葉有柄，柄長 2 ～ 26 公分，基部擴大成膜質鞘，葉片輪廓為長圓形至倒卵形，長 7 ～ 18 公分，寬 3.5 ～ 8 公分，通常 3 裂達中部或 3 全裂，裂片近菱形，圓鋸齒或鋸齒緣，葉脈兩面突起。莖生葉有短柄，葉片輪廓為闊三角形，通常分裂為 3 小葉，小葉倒卵形，中部以上邊緣疏生鈍鋸齒以至缺刻。複繖形花序頂生或與葉對生，總苞片小或無，每個繖形花序有花 7 ～ 29 朵。花瓣白色或黃綠色，圓卵形。雙懸果圓形或長橢圓形，果稜尖銳，合生面略收縮。

【藥用】

全草 (帶根) 有清熱、解毒、祛風、利水、平肝、止血之效，治肝陽眩暈、風熱頭痛、咳嗽、高血壓、黃疸、小便淋痛、尿血、崩漏、帶下、瘡瘍腫毒等。

【方例】

❀ 治反胃嘔吐：鮮芹菜根 1 兩、甘草 5 錢，水煎，加雞蛋 1 個沖服。(《河北中草藥》)

❀ 治肺癰：芹菜根、魚腥草各鮮用 1 兩，瘦豬肉酌量，燉服。(《福建藥物誌》)

❀ 治癰腫：鮮芹菜 2 兩，蒲公英 5 錢，甘草、赤芍各 3 錢，水煎洗患處。(《西寧中草藥》)

❀ 治小便不通：鮮芹菜 2 兩，搗絞汁，調烏糖服。(《泉州本草》)

❀ 治高血壓、高血壓動脈硬化：(旱芹) 鮮草適量搗汁，每服 50 ～ 100 毫升；或配鮮車前草 2 ～ 4 兩、紅棗 10 枚，煎湯代茶。(南藥《中草藥學》)

【實用】

本植物的葉梗及葉柄為常見蔬菜，可炒食、煮湯、佐料或作果菜汁原料。葉通常被摘掉不吃，但其含有硫、鉀、鈣、鈉、鎂等微量元素，不吃可惜，可沾麵糊油炸。

芹菜的花序

芹菜通常於發育旺盛，未開花前 (葉不能枯黃)，採收其地上部分作蔬菜使用。

編 語

❀ 本植物為芹之一種，生於平地，與水芹相較，而別稱「旱芹」。其入藥常以鮮品，全草或根皆可，用量為 1 ～ 2 兩，若改採乾品，約為 3 ～ 5 錢。

臺灣天胡荽 繖形科 Umbelliferae

學名：*Hydrocotyle batrachium* Hance
別名：遍地錦、遍地草、變地錦、破銅錢、落地金錢、江西金錢草、小葉銅錢草
分布：臺灣全境平地至海拔約 2000 公尺山區
花期：全年

【形態】

多年生匍匐性草本，莖平臥，光滑，節上長根，小枝上升。單葉互生，具長柄，葉片圓形，直徑 1 ～ 3 公分，呈掌狀 3 深裂，通常分裂至基部，邊緣細裂，光滑。托葉膜質。花約 10 朵著生成繖形花序，單生，花序軸長 0.5 ～ 1 公分。花瓣卵形，綠白色。雄蕊 5 枚。子房下位。果實為雙懸果，直徑約 0.15 公分，扁平。

【藥用】

全草性偏寒，有解熱、消炎、利尿、解毒、涼血、活血、止血之效，治口內炎、咽喉腫痛、感冒、胎毒、腎結石、腦炎、腸炎、跌打損傷、血痢、血崩、血結、咯血、吐血，一切血瘀血帶之症皆可用；外用可搗敷癰瘡、纏身蛇。

【方例】

❀治感冒：遍地錦、蝴蠅翅、無頭土香、蚶殼仔草、一支香、雞舌癀、鼠尾癀、車前草、紫蘇、薄荷各 40 公分，頭痛可加鐵馬邊，咳嗽則加桑葉、雞屎藤，水煎服。(《臺灣植物藥材誌 (三)》)

❀治喉痛：(1) 變地錦、水丁香、大號一支香、鼠尾癀、小金英、鹽酸仔草各 20 公分，水煎服；(2) 變地錦、竹葉草、百正草 (又稱白馬蜈蚣，即唇形科散血草的全草) 各 40 公分，搗汁，加鹽服。(《臺灣植物藥材誌 (三)》)

臺灣天胡荽的葉面呈深掌裂，掌裂有時幾乎到底。

臺灣天胡荽結果了

正處於花期的臺灣天胡荽

🌸 治音啞：變地錦、甜珠仔草，和冰糖煎服。(《臺灣植物藥材誌(三)》)

🌸 治流鼻血：變地錦適量(或添加側柏葉)，煮水當茶飲。(作者)

🌸 解小兒初生胎毒：變地錦、河乳豆草、馬蹄金、馬鞭草、一支香、鼠尾癀等鮮草各40公分，搗汁，兌冬蜜服。(《臺灣植物藥材誌(三)》)

🌸 治腎結石：變地錦鮮草75～150公分，水煎服。(《臺灣植物藥材誌(三)》)

🌸 治腎臟病、腳氣病：新鮮變地錦120公分，切碎，苦茶油炒鴨蛋黃服。(《臺灣植物藥材誌(三)》)

編　語

❀ 臺灣青草街所售「遍地錦」藥材來源有二，一為臺灣天胡荽，多以鮮品販售，皆為臺灣產；另一為天胡荽，多以乾品販售，且以大陸進口為主。

乞食碗 繖形科 Umbelliferae

學名：*Hydrocotyle nepalensis* Hook.
別名：含殼錢草、金錢薄荷、八角金錢、銅錢草、一串錢、紅骨蚶殼仔草、紅石胡荽、紅馬蹄草、大馬蹄草、變地忍、大葉止血草
分布：臺灣全境低、中海拔路旁及荒野
花期：全年

【 形 態 】

多年生匍匐性草本，莖平臥，纖細，節上長根，上揚枝條長 5 ～ 25 公分，被毛。單葉互生，具長柄，纖細，被短柔毛；葉片圓腎形，長 1.5 ～ 5 公分，寬 2 ～ 7 公分，基部心形，5 ～ 7 淺裂，裂片鈍鋸齒緣，疏生短硬毛。托葉膜質。繖形花序單出或數個簇生於莖端葉腋，花梗長短不一，被毛，每個繖形花序約有花 20 ～ 60 朵，常密集成球形的頭狀花序，花柄極短。花瓣 5 片，卵形，白色，有時帶紫紅色斑點。花柱幼時內捲，花後向後反曲。雄蕊 5 枚。子房下位。雙懸果扁球形，基部心形，熟時黃褐色或紫黑色。

【 藥 用 】

全草有清熱利濕、化瘀止血、解毒之效，治感冒、咳嗽、痰中帶血、痢疾、泄瀉、痛經、月

經不調、跌打損傷、外傷出血、癰瘡腫毒、丹毒、濕疹、蛔蟲寄生等。

【方例】

❀治風熱感冒咳嗽：紅馬蹄草 5 錢，桑葉、杏仁、菊花、蟬蛻、薄荷、肺經草各 3 錢，水煎服。

（《萬縣中草藥》）

❀治小便不利：紅馬蹄草、木通、車前草各 5 錢，水煎服。（《西昌中草藥》）

❀治月經不調、痛經：紅馬蹄草、益母草各 1 兩，對月草 5 錢，水煎服。（《四川中藥誌》1979 年）

天胡荽 纖形科 Umbelliferae

學名：*Hydrocotyle sibthorpioides* Lam.
別名：遍地錦、遍地草、變地錦、破銅錢、落地金錢、遍地金、小葉金錢草
分布：臺灣全境低海拔陰涼處，居家盆栽常見自生
花期：全年

【形態】

多年生匍匐性草本，莖平臥，節上長根，全株近光滑。單葉互生，具長柄，直立，纖細；葉片質薄，近圓形或圓腎形，長 0.5 ～ 1.5 公分，寬 0.8 ～ 2.5 公分，基部心形，不分裂或 5 ～ 7 淺裂，裂片鈍鋸齒緣，光滑。托葉略呈半圓形。纖形花序與葉對生，單生於節上，具花 5 ～ 15 朵，花序軸長 0.5 ～ 2 公分，無花梗。花瓣卵形，綠白色，有腺點。雄蕊 5 枚。子房下位。雙懸果近圓形，直徑 0.8 ～ 1.5 公分，兩側扁壓。

【藥用】

全草有清熱利濕、解毒消腫之效，治黃疸、

正處於花、果期的天胡荽。

臺灣天胡荽、乞食碗、天胡荽辨識之簡易檢索表

全株近光滑	葉深裂，至少超過2/3長度	臺灣天胡荽
	葉淺裂，通常不超過1/3長度	天胡荽
全株各部或微被毛，或密被毛		乞食碗

痢疾、水腫、淋症、目翳、咽喉腫痛、癰腫瘡毒、帶狀疱疹、跌打損傷等。

【方例】

✿治肝炎、膽囊炎：鮮天胡荽 2 兩，水煎，調冰糖服。(《福建藥物誌》)

✿治石淋：鮮天胡荽 2 兩，海金沙莖葉 1 兩，水煎服，每日 1 劑。(《湖北中草藥誌》)

✿治小兒疳積夜盲：天胡荽 5 錢，豬肝 2～4 兩，同蒸熟，去渣，取肝及湯口服。(《江西民間草藥驗方》)

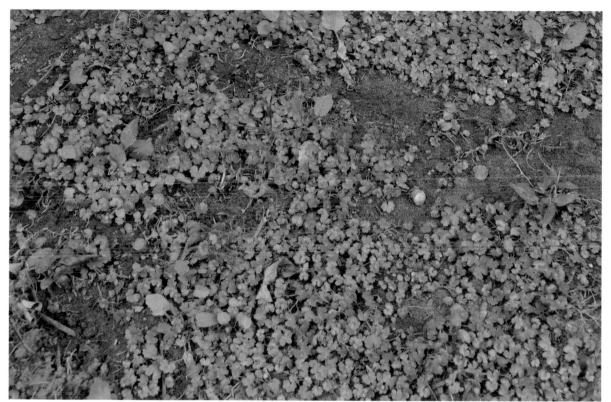

天胡荽常鋪地生長成遍

編　語

✳本植物因形態與胡荽相似，故稱天胡荽以區別。又其葉片大小如銅錢，邊有淺裂如缺破，故有破銅錢之別稱，其它天胡荽屬 (*Hydrocotyle*) 植物，若有類似別稱，皆同此理。

臺灣鄉野藥用植物

臺灣馬醉木 杜鵑花科 Ericaceae

學名：*Pieris taiwanensis* Hayata
別名：臺灣浸木、臺灣桂木、馬醉木
分布：臺灣中央山脈海拔 1000 ～ 3300 公尺高地之開闊地區
花期：3 ～ 5 月

開花的臺灣馬醉木

【形態】

常綠小灌木，高 1 ～ 3 公尺，全株光滑。單葉互生，常叢生枝梢，具柄，葉片長橢圓狀倒卵形或倒披針形，長 5 ～ 8 公分，寬 2 ～ 3 公分，葉基楔形或下延形，先端銳形，葉緣上半部有鋸齒緣，上表面深綠色，下表面淡綠色，中肋顯著隆起。總狀花序長 7 ～ 10 公分，3 ～ 4 條，有時分歧，簇生枝梢，花密生。花下垂，淡綠白色。花萼深 5 裂，裂片長橢圓形，宿存性。花冠壺形，先端淺 5 裂。雄蕊 10 枚，花藥背部具 2 長距，花絲不彎曲。子房上位。蒴果球形，胞背開裂。種子小形，多數。

【藥用】

根及幹味苦，性涼，有大毒，有麻醉、鎮靜、止痛之效，治疥瘡、風濕關節痛、筋骨酸痛等。葉可治因腦神經緊張所引起的頭痛、頭暈、夜不得眠等。

【實用】

全株可供作農作物之驅蟲劑原料。

臺灣馬醉木結果了

編　語

❀ 據《臺灣植物圖說》之記載，牛馬若誤食本植物之葉，即眩暈斃死，可惜該書未言及中毒致死之劑量。而臺灣中醫界前輩鄭木榮醫師曾為了試其效，以臺灣馬醉木葉4公分煎煮成劑，入腹未及半小時，即出現胸背脅皆發冰涼，兩手六脈皆絕，視物不見，兩足乏力，昏不知人等令人可怕之中毒症狀，可見其毒性之大，但也探出其毒性可令人血壓下降，腦神經麻醉等，後來將其應用於臨床，發現臺灣馬醉木葉對於腦神經緊張所引起的頭痛、頭暈、夜不得眠之證，具有良效。

臺灣鄉野藥用植物

軟枝黃蟬 夾竹桃科 Apocynaceae

學名：*Allamanda cathartica* L.
別名：黃蟬、大花黃蟬
分布：臺灣各地偶見人家栽培
花期：幾乎全年，3～12月為盛花期

【形態】

　　常綠半蔓性灌木，全株平滑。單葉3～4片輪生，具短柄，葉片長橢圓狀披針形或倒卵形，長8～12公分，寬3～4公分，基部鈍形，先端漸尖形，全緣，上表面深綠色，光滑。聚繖花序腋出或頂生。花萼綠色，5裂，裂片披針形。花冠鮮黃色，漏斗形，直徑10～12公分，先端5裂，裂片圓形，冠筒細長，略彎曲，一側膨大，長約4公分，喉部具有淡紅色之線紋。雄蕊5枚，花絲極短，著生於花冠筒中下部。子房球形，1室，花柱短。

【藥用】

　　全株有毒，有除濕、消腫、解毒、抗癌之效，外用治疗瘡腫毒、癬、濕疹等。葉及乳汁能瀉下，易引起皮膚炎，但可治皮膚濕疹、瘡瘍腫毒、疥癬等。

【實用】

本種是園藝上重要的觀賞植物。

軟枝黃蟬花冠的側照

軟枝黃蟬的花蕾

128

軟枝黃蟬常被當成圍籬植物

軟枝黃蟬的花色很鮮亮

軟枝黃蟬的葉呈輪生

小花黃蟬 夾竹桃科 Apocynaceae

學名：*Allamanda neriifolia* Hook.
別名：黃蟬、硬枝黃蟬、叢立黃蟬
分布：臺灣各地偶見人家栽培
花期：幾乎全年

小花黃蟬的果實外被棘刺

【形態】

常綠蔓性灌木，高約 2 公尺。單葉 2 ～ 5 片輪生，具短柄，被毛，葉片長橢圓形或披針形，長 10 ～ 14 公分，寬 3 ～ 4.5 公分，基部鈍形，先端銳尖，全緣，上表面深綠色，平滑，下表面脈上有毛。圓錐狀聚繖花序頂生或腋生。苞片長約 0.4 公分。花萼深 5 裂，裂片披針形，長約 1 公分，平滑。花冠漏斗形，直徑 4 ～ 5 公分，黃色，內側具紅褐色縱紋，先端 5 裂，裂片近圓形，冠筒長約 5 公分，下端細而短。子房卵形，花柱短。蒴果球形，直徑 4 ～ 5 公分，外被棘刺。種子扁平。

【藥用】

全株有毒，有墮胎、去濕、消腫、解毒之效，外用治皮膚濕疹、瘡瘍腫毒等。乳汁亦有毒。

【實用】

本種是園藝上重要的觀賞植物。乳汁可作為蠅、蛆及孑孓等的殺蟲藥。

小花黃蟬的葉呈輪生

小花黃蟬開花了

蘿芙木

夾竹桃科 Apocynaceae

學名：*Rauvolfia verticillata* (Lour.) Baill.
別名：山馬蹄、山馬茶、魚膽木、矮青木、刀傷藥、白花連、山胡椒、山辣椒樹、蘿芙藤
分布：臺灣全境低、中海拔叢林向陽地帶
花期：4～9月

【形態】

常綠小灌木,全株光滑。單葉3～4片輪生,具短柄,葉片倒披針形或長橢圓形,長7～11公分,寬2～3公分,基部楔形或銳尖,先端銳尖,全緣或微波緣。聚繖花序腋出或頂生,呈3叉狀分歧。苞片2片。花萼小,深5～6裂,裂片先端銳形。花冠高腳碟狀,先端5裂,裂片闊卵形,冠筒中部膨大,冠喉有毛,冠筒全長約1.2公分。雄蕊5枚,藏於冠筒中部,花絲極短。心皮2枚,離生,胚珠每室2粒,花柱細長。核果長約1.5公分,卵形或橢圓形,熟時紫黑。種子1粒。

【藥用】

根及莖(藥材稱白花連)有清熱解毒、消炎止痛、利尿降壓、平肝舒筋、活血涼血、鎮靜之效,治高血壓、頭痛、眩暈、失眠、高熱不退、膽囊炎、黃疸、咽喉腫痛、火燙傷、風濕;外用治跌打損傷、毒蛇咬傷、瘡疥。

【方例】

❀ 治各種皮膚病痛、癢,疥癬:白花連、七里香皮各20公分,苦參根、白埔姜葉、雞母珠葉各12公分,煎水洗滌患處。(《臺灣植物藥材誌(三)》)

❀ 治皮膚癢:(1)白花連40～80公分,煎水服;(2)白花連110公分、忍冬藤80公分,燉赤肉服;(3)白花連、萬點金、金銀花頭、倒地蜈蚣、刺茄頭及觀音串各20公分,燉赤肉服。(《臺灣植物藥材誌(三)》)

❀ 治下消:白花連110公分,荔枝根、白粗糠、白龍船、白石榴根、金英根、乳藤各20公分,燉豬腸服。(《臺灣植物藥材誌(三)》)

❀ 治小兒發育不良:白花連120公分和半酒水,燉排骨服用;如炖豬腸或小肚服,則可治敗腎、下消、白帶、跌打。(《臺灣植物藥材誌(三)》)

❀ 治風濕:白花連、金英根、白馬屎及一條根各80公分,半酒水燉排骨服。(《臺灣植物藥材誌(三)》)

❀ 治肝陽亢進,頭暈痛,項背強,下肢無力者:白花連(根)、仙草、大青根(觀音串)各40公分,苦草(當藥)、山秀英、薺菜各30公分,煎水服。(《臺灣植物藥材誌(三)》)

【實用】

本種可作園藝觀賞栽培。根可製成殺蟲藥。

山馬茶　夾竹桃科 Apocynaceae

學名：*Tabernaemontana divaricata* (L.) R. Br. *ex* Roem. & Schult.
別名：(重瓣) 狗牙花、白狗牙、狗癲木、馬茶花、馬蹄花、獅子花、豆腐花
分布：臺灣各地多見觀賞栽培
花期：幾乎全年

【形態】

　　常綠灌木，高 2 ～ 3 公尺，全株光滑。單葉對生，偶為輪生，柄長 1 ～ 3 公分，葉片長橢圓形，長 8 ～ 12 公分，寬 3 ～ 5 公分，基部銳形或稍呈下延形，先端漸尖，全緣而略帶波狀，上表面深綠色，下表面淡綠色，側脈 6 ～ 8 對，與主脈兩面均凸起。聚繖花序 2 歧狀，各有花 4 ～ 6 朵。花萼 5 深裂，裂片披針形，長短不一。花單瓣或重瓣，白色，冠喉呈黃色，花冠高碟狀，冠筒狹形，淡黃綠色，花瓣片不整齊分裂。雄蕊 5 枚，著生冠筒上部。心皮 2 枚，離生，基部具有腺體 5 枚。蓇葖果被毛，長 3 ～ 8 公分，內藏紅色種子 3 ～ 6 粒。

【藥用】

　　根及莖有清熱、解毒、抗癌、利水、消腫、止痛、降壓之效，治咽喉腫痛、甲狀腺腫、高血壓、骨折、頭痛、目赤腫痛、乳腺炎、疔瘡等。葉及花可治瘡癤、乳腺炎、瘋狗咬傷、高血壓等。

【實用】

本種是園藝上重要的觀賞植物。

編　語

✿本植物於臺灣民間多稱馬茶花、馬蹄花，其茶、蹄二字僅為臺語之諧音所致。

眞山馬茶 夾竹桃科 Apocynaceae

學名：*Tabernaemontana pandacaqui* Poir.
別名：山馬茶、馬蹄花、馬茶花、南洋馬蹄花、南洋山馬茶、臺灣狗牙花
分布：恆春半島，引進後逸出
花期：5 ～ 8 月

眞山馬茶的蓇葖果成對，熟時橙紅色，喙尖。

眞山馬茶的莖幹

【 形 態 】

常綠灌木，小枝叉狀分歧，全株光滑。單葉對生，柄長近 1 公分，葉片長倒卵形或倒披針形，長 7 ～ 15 公分，寬 2 ～ 4 公分，基部漸狹尖或楔形，先端銳尖或漸尖形，全緣或微波緣，背面葉脈突起。聚繖花序頂生或腋生。花萼 5 裂。花白色，花冠高碟狀，先端 5 ～ 6 裂，裂片長狹卵形，冠筒狹形，淡黃綠色。雄蕊 5 枚，花藥 2 室，箭形。子房由 2 心皮構成，胚珠多數，每室 2 列。蓇葖果 2 枚，長 3 ～ 7 公分，熟時橙紅色，喙尖。種子 4 粒。

【 藥 用 】

根及莖有清熱、解毒、抗癌、止痛、降壓之效，治咽喉腫痛、風濕關節痛、高血壓、乳腺炎、癰瘡腫毒、癌症等。

【 實 用 】

本種可作園藝觀賞栽培。

真山馬茶的葉呈對生

真山馬茶全株富含白色乳汁

開花的真山馬茶

蘭嶼山馬茶 夾竹桃科 Apocynaceae

學名：*Tabernaemontana subglobosa* Merr.
別名：革葉山馬茶、蘭嶼馬蹄花、卵葉山馬茶、蘭嶼狗牙花、牛比樹
分布：蘭嶼海岸山坡自生，臺灣本島數量稀少
花期：3 ～ 6 月

開花的蘭嶼山馬茶

蘭嶼山馬茶的葉片特寫

【形態】

常綠灌木，光滑，枝條堅韌。單葉對生，柄長 0.5 ～ 2 公分，葉片革質，長橢圓形、倒卵形或線狀長橢圓形，長 10 ～ 20 公分，寬 3 ～ 5 公分，基部銳形，先端鈍或圓形，全緣，側脈 15 ～ 20 對。聚繖花序繖房狀，頂生，花軸長 5 ～ 10 公分，花少數。無苞片。花萼厚，裂片圓形。花冠白色，高腳碟狀，先端 5 裂，裂片長橢圓形，冠筒黃色，圓筒狀，長 1.5 ～ 2 公分，直徑約 0.5 公分，上部收縮。蓇葖果長 10 ～ 12 公分，成雙或單一，反捲，偏卵形，熟時金黃色。

【藥用】

根及莖有清熱、解毒、消腫、降壓、殺蟲之效，治高血壓、乳腺炎、肌肉疼痛、風濕關節痛等。葉外敷癰瘡腫毒。

【實用】

本種可作園藝觀賞栽培。

蘭嶼山馬茶結果了

蘭嶼山馬茶的葉背較葉面色淺

蘭嶼山馬茶的蓇葖果熟裂了 (圖中
尺規最小刻度爲 0.1 公分)

編　語

❀ 本植物的葉先端鈍或圓形，而真山馬茶 (請參見本書第 136 頁) 的葉先端則呈漸尖或銳尖，
　　據此兩者可相互區別。

黃花夾竹桃　夾竹桃科 Apocynaceae

學名：*Thevetia peruviana* (Pers.) K. Schum.
別名：夾竹桃、番仔桃、酒杯花、臺灣柳、吊鐘花、菱角樹、鐵石榴、楊石榴、黃花狀元竹、美國黃蟬、都拉樹
分布：臺灣各地多見觀賞栽培
花期：5 ～ 12 月

黃花夾竹桃的果實

【形態】

常綠灌木，小枝下垂性。單葉互生，具短柄或幾無柄，葉片寬線形，長6～12公分，寬0.5～1公分，基部銳形，先端亦銳形，葉緣反捲，主脈明顯。花單立或少數叢生而呈聚繖花序，花梗長1～2公分。花萼深5裂，裂片披針形，長約0.5公分。花冠初為黃色，後漸變成淡黃紅色，漏斗形，長5～7公分，先端5裂，各裂片彼此重疊排列。雄蕊5枚，著生於冠筒喉部。子房光滑，2室，各具胚珠2粒。核果三角狀菱形，直徑3～4公分，初為淡綠色，漸成黑色。種子1粒，兩面凸起，堅硬。

【藥用】

果仁有強心、利尿、消腫之效，治各種心臟病所引起的心力衰竭、陣發性室上性心動過速、陣發性心房纖維顫動等。葉能解毒、消腫，治蛇頭疔。樹皮為催吐劑、瀉劑及解熱劑。

【方例】

❀治蛇頭疔：黃花夾竹桃鮮葉搗爛，加蜜調勻包敷患處，日換 2 ～ 3 次。(《福建中草藥》)

【實用】

本種是園藝上重要的觀賞植物。

開花的黃花夾竹桃

黃花夾竹桃的花蕾

黃花夾竹桃的葉呈寬線形

黃花夾竹桃全株富含白色乳汁

編　語

❀本植物全株有毒，一般不建議內服，上述藥用有些須經抽取植物成分（或粗抽取物）後，再
　經製劑，確實考量該製劑之有效劑量與中毒劑量，才能應用於病患的疾病治療。

大青 馬鞭草科 Verbenaceae

學名：*Clerodendrum cyrtophyllum* Turcz.
別名：鴨公青、觀音串、臭腥仔、臭腥公、埔草樣、光葉大青、細葉臭牡丹、搖子菜、雞屎青、豬屎青
分布：臺灣全境低至中海拔山區可見
花期：3～8月

大青結果了

盛花期的大青

【形態】

　　灌木，嫩枝及花序被毛，具特殊臭味。單葉對生，柄長2～5公分，葉片長橢圓形或披針狀長橢圓形，長8～15公分，寬2.5～6公分，基部鈍形或圓形，先端銳尖，全緣或疏齒緣，疏被毛，側脈5～7對。繖房狀聚繖花序頂生，分歧，花疏生。苞片細小，線狀長橢圓形。花萼狹鐘形，5裂，裂片卵形。花冠管狀，白色，外側被毛，先端5裂，裂片橢圓形。雄蕊4枚，伸出花冠外。核果球形，直徑約0.6公分，初綠熟時藍紫色，內藏種子4粒。

【藥用】

　　根及莖 (藥材稱觀音串) 有清熱解毒、祛風除濕、解熱止渴、祛瘀清血之效，治腦炎、腸炎、

142

黃疸、咽喉腫痛、感冒頭痛、麻疹併發咳喘、疰腮、乳蛾、傳染性肝炎、痢疾、淋症、月內風、月內口渴、白帶、梅毒等。葉有清熱解毒、涼血止血之效，治肝炎、細菌性痢疾、肺炎、衄血、黃疸、流行性感冒、風熱咳嗽、丹毒、疔瘡腫毒、蛇咬傷等。

【方例】

🌸 治產婦月內感冒或口乾：(1) 觀音串、過山香、荔枝殼各 20 公分，酒煎服；(2) 觀音串 60 公分，水煎代茶飲；(3) 觀音串、荔枝殼各 30 公分，酒煎服。(《臺灣植物藥材誌 (二)》)

🌸 治肋膜炎：觀音串、黃金桂、釘秤根、絡石藤、大號山葡萄各 20 公分，水煎服。(《臺灣植物藥材誌 (二)》)

🌸 治婦女下消：觀音串、白粗糠根、白肉豆根、小本山葡萄各 20 公分，水煎汁，炖豬小肚服。(《臺灣植物藥材誌 (二)》)

🌸 治黃疸：大青根、梔子根各 40 公分，水煎服。(《臺灣植物藥材誌 (二)》)

🌸 治梅毒：觀音串、虱母子頭、忍冬藤、咸豐草頭、雙面刺、烏枝仔菜頭、疔骨消根各 20 公分，水煎服。(《臺灣植物藥材誌 (二)》)

【實用】

葉可提出藍靛，以為染料。嫩葉可食用。

大青的花序

大青為常見植物之一

編　語

🌸 購買本植物的「根及莖」時，宜稱藥材名為鴨公青或觀音串，若稱「大青」時，恐易與中藥「大青」混淆，商家通常也會拿錯藥材。

苦藍盤 馬鞭草科 Verbenaceae

學名：*Clerodendrum inerme* (L.) Gaertn.
別名：苦樹、許樹、白花苦藍盤、苦林盤、苦郎樹、枯那搬、臭栗生
分布：臺灣全境沿海地區
花期：4～7月

苦藍盤的葉呈對生

苦藍盤的花特寫

【形態】

　　蔓性灌木，嫩枝被短柔毛。單葉多對生，柄長 0.7～1 公分，被短柔毛，葉片革質，卵形或橢圓形，長 3～8 公分，寬 1.5～3 公分，兩端銳至鈍形，全緣，上表面光滑，下表面被短柔毛，散佈細點，側脈 4～6 對。聚繖花序通常具 3 朵花，頂生或腋生，被短柔毛。花萼鐘形，5

淺齒裂。花冠白色，冠筒長約 3 公分，先端 5 裂。雄蕊突出，花絲紫紅色。子房及花柱光滑。核果倒卵形至近球形，直徑長 1～1.5 公分，包於宿存萼內，熟時黑色。

【藥用】

　　根及莖（藥材稱苦藍盤頭）有清熱解毒、散瘀除濕、舒筋活絡、消腫生新之效，治跌打、血

瘀腫痛、內傷吐血、外傷出血、衄血、濕疹、瘡
疥、風濕骨痛、腰腿痛、瘧疾、淋病等；外洗治
跌打損傷。枝及葉(藥材稱苦藍盤心或苦藍盤葉)
能殺蟲、止癢、解熱、行血、袪風，治跌打、新
傷、久年傷、風濕等；煎水洗滌主治皮膚癢，研
末可搽疥癬。

結果的苦藍盤

【方例】

❀治腳風：苦藍盤頭、紅骨雞屎藤頭各140公分，
　雞腳4支，紅棗60公分，用半酒水燉服。(《臺
　灣植物藥材誌(一)》)

❀治神經痛、風濕病：(1)苦藍盤根150公分，
　水煎服；(2)苦藍盤根與牛乳埔各75公分，
　水煎服或加米酒少許。(《臺灣植物藥材誌
　(一)》)

❀治瘡癤頻發及慢性皮膚病：苦藍盤根、紅乳
　仔草及本首烏各20公分，煎水服，良效。(《臺
　灣植物藥材誌(一)》)

❀治皮膚癢：苦藍盤心、鐵馬邊、烏子仔菜、
　三角鹽酸等鮮草各40公分，搗汁，外搽患處。
　(《臺灣植物藥材誌(三)》)

❀治跌打：苦藍盤葉、冷飯藤、小本珠仔草、
　六角英等鮮品各40公分，搗汁，加白糖及酒
　服。(《臺灣植物藥材誌(三)》)

編　語
❀本植物帶有苦味，故名。

龍吐珠 馬鞭草科 Verbenaceae

學名：*Clerodendrum thomsonae* Balf. f.
別名：珍珠寶蓮、臭牡丹藤、九龍吐珠、白萼赬桐
分布：臺灣全境普遍作觀賞栽培，原產熱帶非洲
花期：7 ～ 11 月

【形態】

常綠灌木狀藤本，莖長可達 5 公尺，小枝近方形，被毛，紫黑色。單葉對生，柄長 1.5 ～ 2.5 公分，葉片卵狀橢圓形，長 5 ～ 12 公分，寬 2 ～ 6 公分，基部近心形，先端銳尖，全緣，基部葉脈 3 條，側脈 3 ～ 4 對。圓錐狀聚繖花序腋出或頂生，花梗長 1 ～ 1.5 公分，被毛。小苞片線形。花萼深 5 裂，裂片闊披針形，長 1.5 ～ 2 公分，

龍吐珠常出現在居家的花臺上

龍吐珠的葉呈對生

正當花期的龍吐珠

乳白色。花冠筒細柔弱，長約 2 公分，淡綠色，先端傾斜，5 裂，裂片鮮紅色。雄蕊與花柱細長，均挺出花冠外，狀如吐珠。核果藏在宿存萼內，內具黑色種子 4 粒。

【藥用】

全草或葉有清熱、解毒之效，治慢性中耳炎、跌打損傷等。

【方例】

❀治慢性中耳炎：成人每次用 (九龍吐珠) 葉 12 ～ 13 片，小兒 7 ～ 8 片，加糖冬瓜，煎服，連服 3 ～ 4 日。(《廣東中草藥》)

【實用】

本種是園藝上重要的觀賞植物。

編 語

❀本品味淡，性平，煎湯內服用量為 2 ～ 5 錢。

馬纓丹 馬鞭草科 Verbenaceae

學名：*Lantana camara* L.

別名：五色梅、五色花、臭草、山大丹、珊瑚球、龍船花、如意花、昏花、七變花、土紅花、殺蟲花、
婆姐花、五龍蘭

分布：臺灣各地多見人家栽培，偶生於村落旁

花期：幾乎全年

馬纓丹的花期幾乎全年

【 形 態 】

直立或半藤狀灌木，高 1 ～ 2 公尺，具強烈氣味，莖枝無刺或有下彎鈎刺。單葉對生，卵形或矩圓狀卵形，長 3 ～ 9 公分，寬 2 ～ 4 公分，先端短漸尖，基部闊楔形，鈍齒緣，上面粗糙而有短刺毛，下面被小剛毛。頭狀花序稠密，花序柄腋生，粗壯，常較葉為長。苞片狹長，有時為

馬纓丹的葉呈對生

馬纓丹結果了

花冠的一半。花冠有粉紅色、紅色、黃色、橙紅色或白色，長約 1 公分，花冠筒細長，裂片 4 ～ 5。雄蕊 4 枚，不外露。子房 2 室。核果球形，成熟時紫黑色。

【藥用】

葉或帶花、葉的嫩枝有消腫解毒、祛風止癢之效，治癰腫、濕毒、疥癩、毒瘡等。花有清涼解毒、活血止血之效，治傷暑頭痛、肺癆吐血、腹痛吐瀉、濕疹、陰癢、跌打等。根有祛風、利濕、清熱、活血之效，治風濕痹痛、腳氣、感冒、痄腮、跌打等。

【方例】

🌸 治腹痛吐瀉：鮮馬纓丹花 10 ～ 15 朵，水燉，調食鹽少許服；或乾花研末 2 ～ 5 錢，開水送服。(《福建中草藥》)

🌸 治小兒嗜睡：馬纓丹花 3 錢、葵花 2 錢，水煎服。(《(江西)草藥手冊》)

🌸 治手腳痛風：取鮮五色梅根 3 ～ 6 錢 (乾的酌減)、青殼鴨蛋 1 枚，和水酒 (各半) 適量，燉 1 小時服。(《閩南民間草藥》)

🌸 治風火牙痛：五色梅根 1 兩、石膏 1 兩，煎水含漱，咽下少許。(《廣西中藥誌》)

🌸 治筋傷：毛神花鮮葉搗碎，擦患處，然後以渣敷之。(《閩南民間草藥》)

🌸 治感冒風熱：五色花葉 1 兩、山芝麻 5 錢，水煎，日分 2 次服。(《廣西中草藥》)

【實用】

本種是園藝上重要的觀賞植物。

長穗木 馬鞭草科 Verbenaceae

學名：*Stachytarpheta jamaicensis* (L.) Vahl
別名：藍蝶猿尾木、耳鉤草、玉龍鞭、木馬鞭、假馬鞭、久佳草、(大種)馬鞭草、假敗醬、
　　　玉郎鞭
分布：臺灣全境平地至低海拔山區可見
花期：3～8月

【形態】

多年生粗壯草本或亞灌木，株高可達 2 公尺，小枝四稜形。單葉對生，葉柄翅狀，長 1～3 公分，葉片菱狀卵形或長橢圓狀卵形，長 3～8 公分，寬 1.5～4 公分，基部楔形，先端銳形，粗鋸齒緣，側脈 5～6 對，下表面脈上被粗毛。穗狀花序頂生，長可達 35 公分，花疏生。苞片邊緣膜質，具纖毛，先端呈芒尖。花萼狹筒形，長約 0.5 公分，外具 4 稜角，先端不規則齒裂。花冠深藍紫色，管略彎曲，內面上部有毛，先端 5 裂，裂片外展。雄蕊 2 枚，花絲短。子房平滑，2 室。蒴果長橢圓形，藏於宿存萼內，成熟時裂成 2 分果。種子 2 粒。

長穗木的葉柄呈翅狀 (箭頭處)

【藥用】

全草或根有清熱利濕、解毒消腫之效，治熱淋、石淋、風濕筋骨痛、咽喉腫痛、目赤腫痛、牙齦炎、膽囊炎、癧癌、痔瘡、白濁、白帶、跌打腫痛等。

【方例】

🌼 治尿路結石、尿路感染：玉郎鞭全草 5 錢至 1 兩，水煎服。(《廣西本草選編》)

🌼 治白帶：玉郎鞭鮮根 1～2 兩，水煎服。(《廣

西本草選編》)

🌸 治大瘡腫痛：玉龍鞭 3 兩，土牛膝、霧水葛各 2 兩，共搗爛，敷患處。已潰破流膿者，加紅糖少許調敷。(《廣西民間常用草藥手冊》)

🌸 治耳疾：長穗木嫩葉搗汁，滴入耳內。(《原色臺灣藥用植物圖鑑 (1)》)

【實用】

本植物可作觀賞用，或當生籬用途。

長穗木的花序很特別

編　語

🌸 本品於臺灣民間，有充作「馬鞭草」藥材使用的現象。

單葉蔓荊

馬鞭草科 Verbenaceae

學名：*Vitex rotundifolia* L. f.
別名：海埔姜、山埔姜、白埔姜、蔓荊、沙荊
分布：臺灣全境海岸及砂灘可見
花期：5～9月

單葉蔓荊的花序特寫

單葉蔓荊也是蜜源植物之一

結果的單葉蔓荊

【形態】

　　小灌木，匍匐或斜上升，小枝方形，全株密被灰白色柔毛，具濃厚香氣。單葉對生，柄長0.3～1公分，葉片倒卵形、闊卵形或橢圓形，長2～5公分，寬1.5～3公分，基部銳形，先端圓形，全緣，上表面暗灰色，下表面灰白色，中肋及側脈均不明顯。總狀花序頂生，花密生。小苞片極小。花萼鐘形，長約0.4公分，不整齊細齒裂。花冠唇形，紫色或深藍色，長約1.2公分，2唇裂，上唇2裂，下唇3裂，中裂片最大，花筒內部被毛。雄蕊4枚，2長2短，伸出花外。花柱較花長。核果球形，直徑約0.6公分，具宿存萼。種子4粒。

【藥用】

　　果實(藥材稱蔓荊子)有疏散風熱、清利頭目之效，治風熱感冒、頭痛、偏頭痛、牙齦腫痛、目赤腫痛多淚、目睛內痛、頭暈目眩、濕痺拘攣等。葉能消腫、止痛，治跌打損傷、風濕痺痛、刀傷出血、頭風等。

【 方 例 】

* 治感冒頭痛：蔓荊子、紫蘇葉、薄荷、白芷、菊花各 3 錢，水煎服。(《全國中草藥匯編》)

* 治高血壓頭暈痛：蔓荊子 3 錢，野菊花、鉤藤、草決明各 4 錢，水煎服。(《湖南藥物誌》)

* 治目翳：單葉蔓荊果實 5 錢、石決明 3 錢、木賊 2 錢，水煎服。(《福建藥物誌》)

* 治中耳炎：單葉蔓荊(果實)、十大功勞各 5 錢，蒼耳子 3 錢，水煎服。(《福建藥物誌》)

【 實 用 】

本種植於海濱可定砂。果實可食。

單葉蔓荊的葉呈對生

單葉蔓荊常花、果期並存。

三葉蔓荊　馬鞭草科 Verbenaceae

學名：*Vitex trifolia* L.
別名：白背木耳、白布荊、海風柳、蔓荊、番仔埔姜、白葉、水稔子
分布：臺灣中部沿海地區多見
花期：6～8月

【形態】

　　落葉灌木，植株高 1.5～5 公尺，小枝方形，全株密被細柔毛，具濃厚香氣。葉為三出複葉，對生，偶為單葉，柄長 1～3 公分，小葉片卵形、長倒卵形或倒卵狀長圓形，長 2～9 公分，寬 1～3 公分，基部楔形，先端鈍或短尖，全緣，表面綠色，無毛或被微柔毛，背面密生灰白色絨毛，側脈 8 對，小葉無柄或有時中間 1 片小葉下延成

三葉蔓荊因具三出複葉而得名

短柄。圓錐花序頂生，花密生。花萼鐘形，先端5淺裂。花冠唇形，淡紫色或藍紫色，長 0.5 ～ 1 公分，2 唇裂。雄蕊 4 枚，皆伸出花外。子房無毛。核果近圓形，直徑約 0.5 公分，具宿存萼，熟時黑色。

【 藥用 】

果實 (藥材稱蔓荊子) 有疏散風熱、清利頭目之效，治風熱感冒、頭痛、偏頭痛、牙齦腫痛、目赤腫痛多淚、目睛內痛、頭暈目眩、濕痺拘攣等。

【 方例 】

❀治偏頭痛：蔓荊子、甘菊花各 3 錢，川芎、細辛、甘草、白芷各 1 錢，水 500 毫升，煎取 200 毫升，每日 3 次分服。(《現代實用中藥》)

❀治乳癰初起：蔓荊子 1.2 兩，炒後研末，酒、水各 1 碗，煎 1 碗，半飽服，渣敷患處。(《本草匯言》)

❀治頭風：蔓荊子 2 升 (末)，酒 1 斗，絹袋盛，浸 7 宿，溫服 3 合，日三。(《千金方》)

結果的三葉蔓荊

三葉蔓荊開花了

編 語

❀本植物與單葉蔓荊 (請參見本書第 152 頁) 的果實，皆為中藥材「蔓荊子」的主要來源。

大花曼陀羅 茄科 Solanaceae

學名：*Brugmansia suaveolens* (Willd.) Bercht. & Presl
別名：白花曼陀羅、曼陀羅、鼓吹花
分布：臺灣全境低、中海拔山區，常見於村邊、荒地或路旁
花期：10 月至翌年 4 月

大花曼陀羅的果實特寫

大花曼陀羅的幼株

【 形 態 】

多年生常綠大灌木，高 2 ～ 4 公尺，小枝灰白色。單葉互生，葉片卵狀長 橢圓形，長 15 ～ 30 公分，寬 8 ～ 15 公分，被毛，葉基歪斜，近全緣。花單一，腋生，白色，大而下垂 (此為其重要的辨識特徵)。花冠長 25 ～ 30 公分，漏斗形，冠緣具 5 長銳形角突。花萼筒狀，長 9 ～ 12 公分，先端 5 裂。花藥縱裂。蒴果木質，圓錐筒狀，不開裂，果皮不具短棘刺，結果率低。

【 藥 用 】

葉、花味苦、辛，性溫，有毒。花有止痛、解毒、生肌之效，治喘息、腫瘤、傷口久不癒合等。葉可治氣喘。

【 方 例 】

🌸治傷口久不癒合：煮白米粥，去白飯粒，所剩粥液，趁熱將曼陀羅花置入，待隔日粥液

涼，將其攪勻，直接外塗傷口。(作者)

🌸 治氣喘：將曼陀羅葉曬乾，用紙捲成香菸狀，像抽香菸方式吸抽，但僅可於氣喘發作時使用。(作者)

【實用】

本植物的花極大，相當具有觀賞價值。

盛花期的大花曼陀羅

結滿果實的大花曼陀羅，但仍帶有花蕾。

編　語

🌸 本植物早期一直被歸類於曼陀羅屬 (*Datura*)，但由於其蒴果無刺，花冠長於 20 公分等因素，已於 1823 年被歸入曼陀羅木屬 (*Brugmansia*)。

番茉莉 茄科 Solanaceae

學名：*Brunfelsia hopeana* (Hook.) Benth.
別名：紫夜來香、紫夜香花、番素馨
分布：臺灣各地皆有栽培
花期：3～5 月

【形態】

　　常綠灌木，枝條短。單葉互生，具短柄，葉片長橢圓形、卵形或倒卵形，長 3～6 公分，寬 2～4 公分，先端銳形，基部亦銳形，全緣，側脈 5～6 對。花單一，頂生或腋生於枝

番茉莉的花冠呈漏斗形，且冠筒上部稍彎曲。

梢。花萼長 4～6 公分，鐘形，先端 5 裂，裂片銳形。花冠漏斗形，冠筒細長，長 2～3 公分，上部稍彎曲，先端 5 裂，裂片闊倒卵形，幼嫩時

番茉莉為造景常用植物之一

藍紫色，成熟後漸呈白色，冠喉黃色。雄蕊4枚，2強，著生冠筒上。子房2室，胚珠多數，柱頭2歧。果實為蒴果。

【 藥 用 】

根或全草有解熱、發汗、利尿、消腫、解毒之效，治肝病、水腫、風濕關節痛、類風濕痛、梅毒等。

【 實 用 】

本植物具有賞花價值。

番茉莉的葉呈互生

番茉莉的新舊花色不同，呈現出藍紫與白色相間的美麗畫面。

枸杞

茄科 Solanaceae

學名：*Lycium chinense* Mill.
別名：地仙公、地骨、地骨皮、枸棘子、枸檵子、甜菜子
分布：臺灣全境低海拔地區
花期：6 ～ 8 月

枸杞的花特寫

枸杞子藥材 (圖中尺規最小刻度為 0.1 公分)

【形態】

　　落葉灌木，高 0.5 ～ 1.5 公尺，枝條具關節，常呈蔓生狀，被棘刺。單葉互生或簇生，具短柄，葉片披針形、長橢圓形或倒卵形，長 2 ～ 6 公分，寬 1.5 ～ 3 公分，先端銳或鈍形，基部楔形，全緣。花單一或 2 ～ 4 朵簇生，腋出。花萼鐘形，5 裂，裂片三角形。花冠漏斗狀，5 裂，裂片卵形，紫色，冠喉具暗紫色脈紋，冠筒淡紅色，冠筒與裂片均具白斑。雄蕊 5 枚，著生冠筒。

枸杞也算是蜜源植物之一

花柱與雄蕊均挺出花外。漿果橢圓形，先端突尖，熟時紅色。種子多數。

【藥用】

成熟果實 (藥材稱枸杞子) 有滋腎、潤肺、補肝、明目之效，治肝腎陰虛、腰膝酸軟、目眩、消渴、遺精等。根皮 (藥材稱地骨皮) 能清熱、涼血、利尿，治肺熱咳嗽、高血壓、肝硬化、肝炎、黃疸、腎臟病等。臺灣民間不取根皮，而直接取根 (包含粗莖) 應用，稱枸杞頭或枸杞根，能解毒、消炎，治眼疾、高血壓、糖尿病、原因不明之高熱、白帶、風濕、肝炎、腰酸、腎虧、牙痛，亦歸為補腎用藥。

【方例】

❀治高血壓：枸杞頭、桑樹根、苦瓜頭各 40 公分，水煎服。(《臺灣植物藥材誌 (一)》)

❀補腎：枸杞頭、小本山葡萄各 75 公分，金英根 40 公分，燉雞蛋服。(《臺灣植物藥材誌 (一)》)

❀治白帶：酒枸杞根、白肉豆根、白菊花根、小金英根、金英根各 16 公分，半酒水燉小腸服。(《臺灣植物藥材誌 (一)》)

枸杞的開花量通常很高　　　　　枸杞被有棘刺

枸杞的莖

枸杞的花蕾

❀治眼痛：小本山葡萄、枸杞根、白馬屎各40公分，水煎汁，蒸雞肝服。(《臺灣植物藥材誌(二)》)

❀治眼睛視力糢糊流淚者：茺蔚子12公分，黃精、枸杞子各8公分，穀精20公分，白菊花4公分，水煎服。(《臺灣植物藥材誌(三)》)

【實用】

本種可當圍籬植物。葉、芽及果可食。

枸杞可當圍籬植物

懸星花 茄科 Solanaceae

學名：*Solanum seaforthianum* Andrews
別名：星茄、巴西蔓茄、葡萄茄、臺灣紫藤、叮噹藤
分布：臺灣全境低海拔地區栽培及逸出
花期：全年，但夏至秋季為盛花期

懸星花的葉呈羽狀深裂

懸星花的果實特寫

【形態】

　　常綠木質藤本，長可達 6 公尺，莖纖細，全株近無毛，且無刺。葉呈羽狀深裂，薄紙質，長 10 ～ 20 公分，寬 5 ～ 8 公分，裂片卵形、長橢圓形或披針形，脈上被毛。圓錐花序頂生，或與葉對生，下垂狀。花冠星形，花瓣淺藍紫色或白色，長約 1.2 公分。花萼先端近平截，無毛。雄蕊 5 枚，花藥黃色，環繞著花絲相連合。雌蕊較雄蕊長。漿果球形，熟時亮紅色，直徑 1 ～ 2 公分，味道苦、澀。

【藥用】

　　鮮葉搗爛外敷癰瘡腫毒、跌打損傷等。

【實用】

　　本植物可作園藝景觀植物栽種，常用於花架、拱門、棚架或吊盆之裝飾。

懸星花爲藤本植物

懸星花的花序特寫

編　語

❁本植物全株有毒，尤其果實毒性最強，宜慎用。澳洲曾有小孩、家畜、山羊、兔子等，因誤
　食果實而腹痛、下痢，亦有袋鼠因誤食幼苗而死亡。

大葉石龍尾 玄參科 Scrophulariaceae

學名：*Limnophila rugosa* (Roth) Merr.
別名：田香草、大葉田香、水茴香、水薄荷、水荊芥、水波香、水胡椒、田根草、
　　　皺葉石龍尾、糕仔料草、蓬萊紫蘇草
分布：臺灣各地水中或潮濕地區
花期：9 ～ 11 月

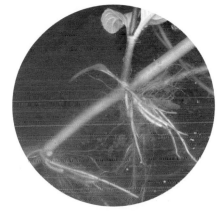

大葉石龍尾的根莖具有許多鬚根

【形態】

　　一年生草本，高 10 ～ 60 公分，全株具香氣，被短柔毛，根莖橫走，多鬚根。單葉對生，柄帶狹翅，葉片卵形至橢圓形，長 5 ～ 8 公分，寬 1 ～ 3 公分，基部楔形，先端鈍至急尖，淺鋸齒緣，下表面散佈細腺點，葉脈多數，明顯。花序呈球形頭狀，腋生，無梗或具短總梗。苞片近匙狀長圓形。花萼被短柔毛，裂片披針形，先端漸尖形。花冠紫紅色或藍色，長約 0.8 公分，被短柔毛，喉部黃色。蒴果橢圓形，略扁，長約 0.5 公分，淺褐色，與花萼等長。種子扁平，具網紋。

【藥用】

　　全草有清熱解表、理氣化痰、健脾利濕、止咳止痛之效，治感冒、咽喉腫痛、水腫、胃痛、胸腹脹滿、肺熱咳嗽、氣喘、小兒乳積、瘡癤等。

【方例】

🌸 治水腫 (包括腎炎水腫)：水茴香、臭茉莉根、

大葉石龍尾的種子 (圖中尺規最小刻度為 0.1 公分)

海金沙藤、雞屎藤、地骷髏、白茅根各 1 兩，
水煎服。(《全國中草藥匯編》)

❀ 治脘腹氣脹、胃痛：水茴香、南五味子根、
徐長卿各 3 錢，水煎服。胃痛者可加青木香、
烏藥。(《全國中草藥匯編》)

❀ 治濕阻脾胃：水茴香 5 錢，藿香、陳皮、南
五味子根、樟樹根各 3 錢，水煎服。(《全國
中草藥匯編》)

【實用】

　全草可燉煮或滷味供食用，市售「田香豬
腳」即以大葉石龍尾 (全草) 不斷燉滷豬腳數小
時而成。又其能防蚊蟲，採摘其葉片搓揉後，將
其汁液塗抹於身上即可。臺灣早期鄉間於中元節
製作糕仔時，也普遍取大葉石龍尾當香料，故得
「糕仔料草」之俗名。

大葉石龍尾為著名的香料水生植物

大葉石龍尾的花序呈球形頭狀，並腋生。

結果的大葉石龍尾

大葉石龍尾的葉呈對生

臘腸樹 紫葳科 Bignoniaceae

學名：*Kigelia pinnata* (Jacq.) DC.
別名：臘燭木、羽葉垂花樹、吊瓜樹、炮彈樹、吊燈樹
分布：原產於熱帶非洲，臺灣引進於各地零星栽培供觀賞
花期：夏季

【形態】

常綠大喬木，莖直立，高可達 15 公尺，枝條扭曲，樹皮黃褐色。葉為一回奇數羽狀複葉，小葉 7～11 枚，中間小葉最大，上下兩端小葉漸短縮，小葉片長橢圓形或倒卵形，長 7.5～15 公分，寬 3～6 公分，先端鈍而微尖或略凹，基部楔形而略歪斜，全緣或偶有鋸齒，表面光滑，背有絨毛或近平滑，側小葉無柄，但頂小葉具長柄。圓錐花序長而下垂，花大而深紅色，花軸很長。花冠筒長約 7.5 公分，裂片長達 6 公分。果實長條狀，長 30～45 公分，直徑約 4 公分，總果梗長約 100 公分，熟時呈褐色，不會開裂。

【藥用】

Prakash 等人於 1985 年在大量篩藥中，發現臘腸樹的乙醇萃取物可能具有避孕作用。Akunyili 等人於 1991 年則發現臘腸樹的樹皮水萃取物具有抗菌活性，此活性可能與其所含環烯醚萜類 (iridoids) 成分有關。Binutu 等人

臘腸樹的果實高掛於樹上

臘腸樹的葉呈奇數羽狀複葉

於 1996 年也將臘腸樹根或果實之甲醇萃取物進行分層，找出部分具有抗細菌及抗黴菌的化合物。Moideen 等人於 1999 年則發現臘腸樹根皮及樹皮之二氯甲烷萃取物具有抗錐體鞭毛蟲 (antitrypanosomal) 活性，隔年該實驗室又從臘腸樹根皮中找出可能具有抗惡性瘧原蟲 (此蟲可致瘧疾) 的化合物。Jackson 等人於 2000 年則發現臘腸樹樹皮及果實之二氯甲烷萃取物具有抗癌活性。(上述 Akunyili 等人、Moideen 等人及 Jackson 等人，他們皆與 Houghton PJ 有關的研究團隊)

【實用】

本植物可作園藝景觀的綠蔭樹。

正逢花期的臘腸樹

編 語
❋ 本植物的果形特殊，酷似洋香腸，故有臘腸樹之稱，但果肉質硬，無法食用，而其種子於食物短缺時，則可烤食。

長果藤 苦苣苔科 Gesneriaceae

學名：*Aeschynanthus acuminatus* Wall.
別名：石榕、石壁風、石難風、白背風、大葉榕藤、牛奶樹、芒毛苣苔
分布：臺灣全境中、高海拔山區
花期：12 月至翌年 3 月

長果藤開花了

【形態】

附生蔓性灌木，全株平滑，多分枝。單葉對生，柄長約 0.5 公分，葉片披針形或長橢圓形，長 6 ～ 10 公分，寬 2 ～ 4 公分，先端短尾狀突銳尖，基部楔形，全緣。聚繖花序生於莖頂部葉腋，具長總梗，由 1 至數朵花組成。苞片 2 片，闊卵形。花萼闊鐘形，深 5 裂，裂片長約 0.4 公分，橢圓形，宿存而反捲。花冠闊筒形，2 唇，上唇直立，綠色，下唇下垂，黃色，內部帶紅褐色。雄蕊 4 枚，2 強，挺出花冠外。蒴果線形，長 10 ～ 15 公分。種子小形，具長翅。

【藥用】

全草有養陰益血、清熱寧神、止咳、止痛、養肝之效，治身體虛弱、神經衰弱、腎虛、咳嗽、慢性肝炎、風濕關節痛、跌打損傷等。鮮葉搗爛敷患處，可治跌打、刀傷、骨折等。

長果藤的葉背呈白綠色，故別稱白背風。

結果的長果藤

編　語

❀本品味甘、淡，性平。煎湯內服用量為 5 錢至 1 兩。

尖瓣花 密穗桔梗科 Sphenocleaceae

學名：*Sphenoclea zeylanica* Gaertn.
別名：木空菜、楔瓣花、長穗漆、冇骨草、水金凰
分布：臺灣全境沼澤地或田邊及水田中可見
花期：5 ～ 12 月

【形態】

一年生草本，高可達 60 公分。單葉互生，柄長 1 ～ 3 公分，葉片長橢圓形或披針形，長 3 ～ 10 公分，寬 0.5 ～ 2 公分，先端銳尖，基部楔形，全緣，上下表面光滑。穗狀花序頂生，且和上部葉片呈對生，總花梗長，花密集，每朵花具 1 苞片及 2 小苞片。花冠白色，廣鐘形，先端 5 裂，裂片銳尖。花萼 5 裂。雄蕊 5 枚，長約 0.1 公分，著生花冠筒近基部，花絲短，基部變寬，花藥淡黃色。子房下位，3 室，花柱短，柱頭頭狀。蒴果闊圓球形，直徑約 0.3 公分。種子多數，長橢圓形，棕色。

【藥用】

全草有消炎、消腫、拔毒、生肌之效，鮮品適量搗敷患部、煎水外洗或乾粉灑敷，可治瘡瘍腫毒。

【實用】

本植物的嫩莖葉可炒食，但略帶苦味，為臺灣民間夏季消暑、降火的鄉土野菜。

臺灣鄉野藥用植物

編　語

🌸 本植物花冠裂片銳尖，故名。

草海桐 草海桐科 Goodeniaceae

學名：*Scaevola taccada* (Gaertner) Roxb.
別名：水草、水草仔、細葉水草、大網梢
分布：臺灣全境沿海砂地及岩岸
花期：6 ～ 10 月

草海桐的莖粗壯光滑

結果的草海桐

【形態】

　　常綠亞灌木，高 1 ～ 5 公分，莖叢生，枝條粗肥，全株幾乎光滑。單葉互生而群集枝梢，近無柄，葉片倒卵形至匙形，長 10 ～ 25 公分，寬 4 ～ 10 公分，基部下延形，先端鈍圓，全緣或上半部疏鈍齒牙緣，稍反捲。聚繖花序腋生。苞片狹披針形，對生，基部被毛叢。花冠黃白色，歪筒形，長約 2.5 公分，冠筒背側分裂至基部，內側密被長毛，先端 5 裂，裂片倒卵形，被緣毛。花萼 5 裂，裂片披針形。雄蕊 5 枚，略與冠筒等長。子房下位，花柱粗肥，較雄蕊長，柱頭鈍。核果橢圓形，長約 0.8 公分。

【藥用】

　　根及莖有清熱、去濕、利尿之效，治風濕關節痛。全草搗敷腫毒。葉助消化，治扭傷、風濕關節痛等。葉及樹皮可治腳氣病。莖髓治腹瀉。

【實用】

本植物具有防風、定砂功能，亦可栽植供觀賞。嫩葉可食用。

正逢花期的草海桐

山白蘭 菊科 Compositae

學名：*Aster ageratoides* Turcz.
別名：山白菊、野白菊、小舌菊、白升麻、(山)馬蘭、白花馬蘭、三脈紫菀、白花千里光
分布：臺灣全境海拔 1000 ～ 2500 公尺山區
花期：9 月至翌年 1 月

山白蘭的莖葉

【形態】

多年生草本，莖直立，高約 1 公尺，無毛，上部分枝呈曲折狀。單葉互生，中部莖生葉長 10 ～ 14 公分，寬 3 ～ 6 公分，葉片橢圓狀披針形，先端長銳尖形，基部楔狀銳尖形，稀疏銳鋸齒緣，三出脈，上表面綠色，稍粗糙，下表面淡綠色。基生葉於開花時枯萎。頭狀花序小型，多數，呈繖房狀排列，花序軸纖細。總苞片 3 輪，長橢圓形，先端鈍，邊緣具纖毛。舌狀花雌性，白色，或略帶紫色。管狀花黃色。瘦果倒卵狀長圓形，冠毛長約 0.4 公分，白色或紅色。

【藥用】

全草或根有清熱解毒、祛痰鎮咳、涼血止血之效，治感冒發熱、扁桃腺炎、支氣管炎、肝炎、腸炎、熱淋、痢疾、血熱吐衄、癰腫疔毒、蛇蟲咬傷等。新鮮嫩葉適量，加鹽少許，搗爛外敷，可治刀傷、蜂螫、扭傷、疔瘡腫毒等。

【方例】

❀治火眼腫痛、風火牙痛：馬蘭根 2 兩，水煎服。

（《河南中草藥手冊》）

❀治吐血、鼻衄、大便下血及出血性紫斑病：馬蘭根 1 兩，水煎服。（《河南中草藥手冊》）

❀治熱淋、黃疸及無黃疸型肝炎：馬蘭 3 兩，水煎服。（《河南中草藥手冊》）

❀治小兒腸炎、熱痢：馬蘭 1 兩，馬齒莧、車前草各 5 錢，水煎服。（《河南中草藥手冊》）

❀治乳腺炎、腮腺炎：鮮馬蘭 2～3 兩，水煎服；藥渣搗爛外敷患處。（《內蒙古中草藥》）

❀治感冒發熱：山白菊根、一枝黃花各 3 錢，煎水服。（《浙江民間常用草藥》）

❀治扁桃腺炎、支氣管炎：山白菊 1 兩，水煎服。（《浙江民間常用草藥》）

山白蘭的花序特寫

艾納香 菊科 Compositae

學名：*Blumea balsamifera* (L.) DC.

別名：大風艾、大風草、(大)楓草、牛耳艾、再風艾、大艾、大丁黃、大黃草、蓋手香、
　　　三稔草

分布：臺灣全境低海拔，尤其南部最多

花期：全年

【形態】

多年生直立草本或亞灌木，高可達 3 公尺，全株具特殊氣味，被褐色毛。單葉互生，有柄，葉片長橢圓形、橢圓形或長橢圓狀披針形，長 12 ～ 24 公分，寬 4 ～ 6 公分，兩端均為銳形，鋸齒緣，有時作羽狀中裂。頭狀花序黃色，多數叢生，直徑約 1 公分，呈繖房狀排列，頂生或腋生。總苞鐘形，總苞片 4 輪，狹長橢圓形或線形，呈覆瓦狀排列。花序中央為兩性花，長約 0.5 公分；外圍為雌性花，長約 0.4 公分。瘦果細小，圓柱形，具冠毛。

【藥用】

葉及嫩枝 (藥材稱大風草葉，味辛、苦，性溫) 為發汗祛痰藥，有祛風、除濕、消腫、溫中、活血、殺蟲、去毒之效，治寒濕瀉痢、霍亂、腹痛、神經痛、中暑、感冒、支氣管炎、風濕、跌打、四肢骨痛、瘡癤、濕疹、皮膚炎等。根及莖 (藥材稱大風草頭，味辛，性溫) 能祛風消腫、活血散瘀，治肺疾、感冒、風濕、跌打。葉的加工品 (即中藥材「冰片」的一種市場品，味甘、

苦，性涼) 能通竅、散熱、明目、止痛，治熱病神昏、驚癇痰迷、目赤紅痛、急性乳蛾、口瘡、癰瘡、黴菌性陰道炎、燒傷等。

【方例】

❀ 治小兒百日咳：大風草葉、馬蹄金、鳳凰衣各 10 公分，風蔥 3 枝，水煎服。(《臺灣植物藥材誌 (一)》)

❀ 治月內風：大風草葉、繡絨花、流乳頭 (牛乳埔)、細辛、薄荷、淺花炮仔豆 (玲瑯豆)、五宅茄、山柚柑、白馬鞍藤各 20 公分。(《臺灣植物藥材誌 (一)》)

❀ 治咳嗽：大風草頭、雞屎藤各 20 公分，尖尾峰 12 公分，水煎服。(《臺灣植物藥材誌 (一)》)

❀ 治酒後感冒：大風草頭與羊帶來頭等合用。(《臺灣植物藥材誌 (一)》)

❀ 治肺病，化痰、解熱：大風草頭、萬點金、不流行、紅竹頭、雞屎藤、海芙蓉、南色一枝香各 20 公分，燉赤肉服。(《臺灣植物藥材

誌（一）》）　　　　　　　　　　　　　水煎服。（《臺灣植物藥材誌（一）》）

❀去風：大風草頭 20 公分，與其他藥物合用，

編　語

✳臺灣原住民常以本植物作為驅邪避凶之物，所以民間特稱其為「原住民抹草」。抹草的「抹」
　字為鬼魅的「魅」字之諧音，意指該植物能驅除鬼魅。

天人菊 菊科 Compositae

學名：*Gaillardia pulchella* Foug.
別名：忠心菊、野菊花
分布：臺灣經引進而逸出歸化，現於海濱經常可見其蹤跡
花期：5 ～ 8 月

【形態】

　　草本，高 20 ～ 60 公分，被粗毛，分枝上傾狀。下部葉片長 5 ～ 10 公分，倒披針形，基部漸尖，葉緣全緣或淺裂，下表面被剛毛，上表面疏被長柔毛；上部葉小型，長橢圓狀披針形，通常抱莖狀。頭狀花序徑 3 ～ 5 公分，花序軸長 7 ～ 20 公分。總苞 3 輪，總苞片長約 1.3 公分。管狀花長，頂端紅褐色；舌狀花紅褐色帶點黃、純黃色或黃色帶點紅，花柱分枝具紅褐色毛狀附屬物。瘦果基部被長柔毛，冠毛長 0.4 ～ 0.8 公分，具長刺。

【藥用】

　　全草可洗皮膚病。

【實用】

　　在澎湖，二崁村民取其全草和薊艾、艾草等做成蚊香，特稱二崁傳香。

天人菊的花色多變化

開純黃色花的天人菊

未開花的天人菊

天人菊的初生果

盛花期的天人菊

編 語

❀本植物為澎湖縣的縣花，能耐旱抗鹽，為海濱重要的防風定砂植物。

紅鳳菜 菊科 Compositae

學名：*Gynura bicolor* (Roxb. & Willd.) DC.
別名：木耳菜、紅菜、腳目草、觀音莧、紅番莧、水三七、紅背三七、紫背天葵、紫背菜、
紅風菜
分布：臺灣各地皆有栽培作蔬菜使用
花期：4～5月

未開花的紅鳳菜

【形態】

多年生半灌木狀草本，高可達 1 公尺，全株無毛。單葉互生，葉片卵圓形至倒披針形，長 5～10 公分，寬 1.5～3.5 公分，先端銳，葉緣為不規則鋸齒，有時下部葉呈羽狀淺裂，且葉柄擴大，略呈抱莖狀，上表面暗綠色，下表面暗紅色，而上部葉則無柄。頭狀花序呈繖房狀排列，花序軸長約 2 公分。總苞無毛，線形至絲狀。小花皆為管狀花，橙黃色。花藥基部截形或箭頭形。花柱分枝長而纖細，具附屬物。瘦果圓筒狀，具 10～15 稜，有冠毛。

【藥用】

根有行氣、活血之效，治產後瘀血腹痛、血崩、吐血、瘰疾等。全草有清熱涼血、活血止血、解毒消腫之效，治痛經、崩漏、痢疾、咳血、創傷出血、潰爛久不收口、乳癰紅腫、跌打損傷等。

開花的紅鳳菜

【方例】

❀治痛經：觀音莧鮮葉 3 兩，紅糖 1 兩，燉服。
　（《福州中草藥臨床手冊》）

❀治血崩：觀音莧根 4 兩、棕粑兒 2 兩，燉刀
　口肉吃。（《重慶草藥》）

❀治咳血：鮮紅番莧 2 ～ 4 兩，水煎服。（《福

建中草藥》）

❀產後或月經後滋補：新鮮紅鳳菜莖葉適量，
　炒食。(臺灣)

【實用】

本植物的嫩莖葉可供食用，味美可口。

白鳳菜 菊科 Compositae

學名：*Gynura divaricata* (L.) DC. subsp. *formosana* (Kitam.) F. G. Davies
別名：白癀菜、白鳳菊、臺灣土三七、長柄橙黃菊、麻糬糊
分布：臺灣全境海濱及低海拔地區，各地亦偶見人家栽培
花期：5～8月

【形態】

多年生草本，莖高 25～50 公分，下部呈平伏狀，上部上傾狀，被毛，頂端呈 2～3 分枝。下部葉匙狀長橢圓形，長 8～10 公分，寬 2～4.5 公分，先端鈍，基部下延形，上下表面被短細毛，葉緣通常呈羽狀裂；中部葉小形，長橢圓形，羽狀淺裂或齒牙狀，基部有擬托葉包圍；上部葉長 0.5～2 公分，線狀披針形。頭狀花序頂生，直徑約 2 公分，排列成疏繖房狀，花序軸長 5～7 公分。總苞 2 輪，線形，帶紫色，內輪較長。小花皆為管狀花，橙黃色。瘦果圓柱形，具 10 稜，被短細毛，冠毛白色。

【藥用】

全草有清熱解毒、涼血止血、活血化瘀、舒筋活絡、利尿消腫之效，治肝炎、肝硬化、腫毒、支氣管炎、肺炎、腦炎、腎臟炎、腸炎、乳腺炎、小兒高燒、感冒發熱、中暑、百日咳、目赤腫痛、風濕關節痛、崩漏、高血壓、糖尿病、流鼻血、跌打、骨折、外傷出血、瘡瘍癭腫、燒燙傷等。

【方例】

❀治高血壓：白鳳菜、咸豐草、蘆薈，搗汁加蜂蜜服。(臺灣)

❀治發燒、腸炎：白鳳菜、杉柳、水豬母乳，搗汁泡梨汁服。(臺灣)

❀治肝炎、肝硬化、腹水：新鮮白鳳菜莖葉 1 斤，絞汁和蜂蜜服，或煎濃汁服。另與含羞草 5 兩，煎濃汁服。(臺灣)

白鳳菜的瘦果具白色冠毛

❀治感冒發熱、中暑、腦炎：新鮮白鳳菜莖葉，
　絞汁和蜂蜜或冰糖服。(臺灣)

❀治創傷出血：新鮮白鳳菜莖葉，搗爛敷患處。
　(臺灣)

❀預防B型肝炎感染：新鮮白鳳菜莖葉，絞汁服。
　(臺灣)

【實用】

　本植物的嫩莖葉可供食用。

未開花的白鳳菜

開花的白鳳菜

野慈菇 澤瀉科 Alismataceae

學名：*Sagittaria trifolia* L.
別名：(水)慈菇、慈姑、三腳剪、剪刀草、鉸剪仔草、野茨菰、菇燕尾、燕尾草、水芋
分布：臺灣全境池澤、水田灌溉溝內及山地小溝溪旁散見
花期：5～10月

野慈菇的每個圓球果裏，聚集了眾多的瘦果。

【 形 態 】

　　多年生水生草本，具地下球莖及匍匐走莖。單葉叢生，柄長 20～50 公分，葉片箭形，長 4～15 公分，寬 0.5～7 公分，頂裂片具 3～7 脈，側裂片通常較頂裂片為長，先端尖銳，波狀緣。總狀花序長 5～20 公分，基部分枝，具花多輪，每輪 2～3 花；花單性，雌花著生於下部，雄花著生於上部。苞片披針形，基部合生。萼片卵形，反曲狀，宿存。花瓣白色，約為萼片之 2 倍。雌花心皮多數，合生成圓形。雄花具雄蕊多數，

野慈菇的葉呈箭形

野慈菇的雄花

花絲長短不一。瘦果倒卵形，兩側具有闊翼呈斜倒三角形。種子褐色。

【藥用】

球莖有活血涼血、解毒散結、止咳、通淋之效，治產後血悶、胎衣不下、帶下、崩漏、衄血、嘔血、咳嗽痰血、淋濁、瘡腫、目赤腫痛、角膜白斑、瘰癧、睪丸炎、骨膜炎、毒蛇咬傷等。地上部分能清熱解毒、涼血化瘀、利水消腫，治咽喉腫痛、黃疸、水腫、丹毒、瘰癧、濕疹、蛇蟲咬傷、惡瘡腫毒等。

【方例】

❀ 治產後胞衣不出：新鮮慈菇（球莖）2～4兩，洗淨搗爛絞汁溫服。(《福建民間草藥》)

❀ 治崩漏、帶下：慈菇（球莖）3錢、生薑2錢，煎汁半碗，日服2次。(《吉林中草藥》)

❀ 治胃氣痛：慈菇（球莖）3錢、萊菔子、土川芎各2錢，水煎兌酒服。(《湖南藥物誌》)

❀ 治小兒濕疹、蕁麻疹：鮮剪刀草（地上部分）適量，搗爛外敷。(《紅安中草藥》)

野慈菇為多年生沼生草本

編 語

❀ 本植物的地上部分可能會刺激皮膚發泡潰爛，通常建議外用，不宜內服。而外用時，也不能久敷。若有內服需要時，多採煨水服。

水車前草 水鱉科 Hydrocharitaceae

學名：*Ottelia alismoides* (L.) Pers.
別名：龍舌（草）、水帶菜、水芥菜、水白菜、水萵苣、龍爪草、瓢羹菜、山窩雞
分布：臺灣主要見於北部及中部低海拔淺水邊或池塘中
花期：5～10 月

【形態】

　　一年至多年生沉水草本，莖極短，具鬚根。葉基生，膜質，葉柄長短隨水位深淺而異，多變化於 2～40 公分之間，葉片卵狀橢圓形或心形，長 8～25 公分，寬 2～18 公分，基部楔形、圓鈍至心形，先端圓鈍至急尖，近全緣。花序柄長，佛燄花苞橢圓形至卵形，具 3～6 條縱翅。花兩性，無柄，單生。萼片 3，橢圓形。花瓣 3，廣倒卵形，白色、淡紫色或淺藍色。花藥黃色。子房下位，近球形。果實窄橢圓形。種子多數，卵形，細小。

【藥用】

　　全草有清熱化痰、解毒利尿之效，治肺熱咳嗽、咯痰黃稠、肺結核、咳血、哮喘、水腫、小便不利；外用治癰腫、燒燙傷、乳癰、腫毒等。

【方例】

❀治熱咳浮腫：龍舌草 5 錢、百部 4 錢，水煎服。（《貴陽民間藥草》）
❀治燙火傷：龍舌草 3 錢、冰片 1 錢，研末，加麻油調和，外塗傷處。（《貴陽民間藥草》）
❀治咳血：瓢羹菜 1 兩，煨水服。（《貴州草藥》）
❀治肝炎：水車前 12 錢、雞蛋 1 個，水煎服。（江西《草藥手冊》）

水車前草野生者已漸稀少，可能有滅絕之虞。（本圖攝於國立自然科學博物館）

開花的水車前草

編 語

❋ 在臨床試驗中，Li 等人於 1995 年發現本品的水煎浸膏對結核桿菌有較強的抑制或殺滅作用。另外，Combeau 等人也於 2000 年發現本品含有抑制細胞微小管組合 (microtubule assembly) 的活性成分。

馬來眼子菜 眼子菜科 Potamogetonaceae

學名：*Potamogeton malaianus* Miq.
別名：匙葉眼子菜、箬葉藻、竹草眼子菜、竹葉藻
分布：臺灣全境低海拔流動溝渠中常見
花期：5～10 月

【形態】

多年生水生草本，長可達 1 公尺，莖纖細，略呈分枝狀。葉沈於水中，具柄，葉片線形至披針形或窄橢圓形，長 10～20 公分，寬 1～2 公分，基部漸尖，先端凸尖，波狀緣或細鋸齒緣，中肋顯著，紙質，綠色或棕色。穗狀花序圓筒狀，長可達 5 公分，多花，呈黃綠色，具短花梗。花被 4 片。雌蕊 4 枚，離生。果實呈卵球形，具 1 短喙，背部有 3 明顯稜紋，中稜全緣，2 側稜紋具小齒。

【藥用】

全草有清熱、利水、止血、消腫、消積之效，治目赤腫痛、痢疾、黃疸、淋症、水腫、帶下、血崩、痔血、小兒疳積、蛔蟲病；外用治癧瘤腫毒。

馬來眼子菜屬於水生植物之一

開結初生果的馬來眼子菜

君子蘭 石蒜科 Amaryllidaceae

學名：*Clivia miniata* (Lindley) Regel
別名：紅花君子蘭、大花君子蘭、劍葉石蒜
分布：臺灣各地零星栽培
花期：冬、春間

【形態】

多年生球根性草本，終年不枯，具假鱗莖，鬚根多數，細長，肉質。葉多數，叢生基部，向兩側斜上或彎曲，葉片寬帶形，全形如劍狀，先端鈍，全緣，兩面光滑。花莖由葉叢中生出，直立，綠色。花多數，聚生於花莖頂端，有小花梗，綠色，成聚繖花序排列。花冠漏斗形，紅色或黃紅色，筒部內側黃色，花被倒卵形或卵狀披針形，6枚，內外兩輪排列，外輪3枚先端凸尖，內輪則鈍或微凹。雄蕊6枚。子房卵形，柱頭2歧。果實熟時漿質，紫紅色。

【藥用】

全株有毒，有抗癌、解毒、消腫之效，治急慢性氣管炎、支氣管擴張、癌症、腫瘤等；外用治癰瘡腫毒。根治咳嗽、痰喘。

【實用】

本種是園藝上重要的觀賞植物。

火球花 石蒜科 Amaryllidaceae

學名：*Haemanthus multiflorus* (Tratt.) Martyn *ex* Willd.
別名：虎耳蘭、紅繡球、繡球花、網球花
分布：臺灣各地零星栽培
花期：夏季

【形態】

多年生球根性草本，株高可達 50 公分，鱗莖扁球形，直徑約 7 公分。葉由鱗莖頂端伸出，通常 3～6 片，葉片橢圓形至長圓形，長 10～30 公分，寬 5～12 公分，先端鈍圓或突尖，基部狹，全緣或微波狀。花先葉開，花莖高 20～40 公分，粗厚，綠色，被紫色斑點，頂生圓球狀聚繖花序，直徑 10～15 公分，鮮紅色，小花數極多，通常 30～100 朵。花被 6 片，線形。雄蕊 6 枚，花藥黃色。子房球形，花柱細長。漿果圓球形，但能發育成熟者稀少。

【藥用】

鱗莖有毒，有解毒、消腫、散瘀之效，外用治無名腫毒、疔瘡癰毒等。

【方例】

❀治無名腫毒：火球花鱗莖鮮品適量，搗爛敷患部。(《原色臺灣藥用植物圖鑑 (4)》)

【實用】

本種是園藝上重要的觀賞植物。

編 語
❀本植物的花序形如火球、繡球、網球等，故得其諸名。

孤挺花 石蒜科 Amaryllidaceae

學名：*Hippeastrum hybridum* Hort. *ex* Velenovsky
別名：石蒜、石蒜花、鼓吹花、喇叭花、大孤挺花、東西南北花、百枝蓮
分布：臺灣各地常見栽培
花期：春季

【 形 態 】

多年生球根性草本，鱗莖大型，如洋蔥狀。葉叢生，通常 6 ～ 8 片，葉片帶形，肉質而厚，內含黏液質，先端鈍，全緣。花先葉開，花莖自鱗莖伸出，粗壯而質脆弱，綠色光滑而粉樣，中空，頂生花 3 ～ 6 朵，著生成聚繖花序，花具短梗。花大，漏斗形呈喇叭狀，長 10 ～ 18 公分，筒部長 2 ～ 2.5 公分，紅色或變化成多種顏色。花被 6 枚，呈內外兩輪，瓣片倒卵形。雄蕊 6 枚，著生喉部，稍彎曲。子房下位，卵球形，花柱長，柱頭 3 裂。蒴果球形。種子扁平，具黑色膜翼。

【 藥 用 】

鱗莖有毒，有解毒、消腫、散瘀、利尿、祛痰、催吐之效，外用治無名腫毒、癰瘡癤腫等。

【 實 用 】

本種是園藝上重要的觀賞植物。

孤挺花的葉呈叢生

孤挺花的頂生花出現 4 朵時，恰巧分別指向東、西、南、北方向，故別稱東西南北花。

孤挺花的花形似喇叭狀，圖中可清楚觀察到其雄蕊 6 枚。

鴨舌草 雨久花科 Pontederiaceae

學名：*Monochoria vaginalis* (Burm. f.) C. Presl
別名：學菜、合菜、福菜、甜菜、鴨嘴菜、鴨仔菜、鴨兒菜、田芋仔、黑菜
分布：臺灣全境平野水田、池沼、溝旁等濕地或淺水中自生
花期：5 ～ 11 月

【 形 態 】

一或多年生草本，全株光滑柔弱，根莖短。單葉互生 (看似根生)，柄長 10 ～ 20 公分，基部擴大成開裂鞘狀，葉片闊披針形至三角狀卵形，長 2 ～ 10 公分，寬 1 ～ 5 公分，基部圓形至淺心形，先端鈍形或銳尖，水中葉線形或狹匙形。總狀花序從葉鞘中抽出，花序柄短，具花 3 ～ 6 朵，基部有 1 披針形苞片。花被鐘狀，藍紫色，深裂至基部為 6 枚。雄蕊 6，內有 1 枚較大，花

鴨舌草結果了

藥基部著生，頂裂。子房 3 室。蒴果橢圓形，先端銳尖，長約 1.2 公分。種子多數。

【藥用】

全草有清熱、涼血、利尿、解毒之效，治感冒高熱、咳血、吐血、崩漏、尿血、熱淋、痢疾、腸炎、腸癰、瘡腫、咽喉腫痛、牙齦腫痛、風火目赤、毒菇中毒等。

【方例】

❀治熱淋：鮮鴨兒菜 2 兩、鮮車前草 1 兩，水煎服。(《梧州地區中草藥》)

❀治發熱頭痛：鴨兒菜、狗肝菜、生石膏 (先下) 各 5 錢，車前草、淡竹葉各 3 錢，水煎服。(《梧州地區中草藥》)

開花的鴨舌草

❀治急性胃腸炎：鮮鴨舌草、鮮旱蓮草各 1 兩，共搗汁，加白糖適量內服。(《湖北中草藥誌》)

❀治小兒癲腫：鴨舌草 5 錢至 1 兩，水煎服。(《紅安中草藥》)

【實用】

本植物的嫩莖及葉可食，但葉含蠟質並帶澀味，需經水燙煮後始可除去澀味，吃起來像空心菜，目前已成為美濃地區客家菜三寶之一。

鴨舌草的葉

蝴蝶花 鳶尾科 Iridaceae

學名：*Iris japonica* Thunb.
別名：日本鳶尾、白尾蝶花、燕子花、豆豉草、開喉箭、劍刀草、白花蛾仔草、白花射干
分布：臺灣各地零星園藝栽培
花期：1～4月

蝴蝶花為園藝常見觀賞植物之一

【形態】

多年生草本，高可達 60 公分，根莖橫生，竹鞭狀。葉基生，套褶成 2 列，葉片劍形，長 25～60 公分，寬 1.5～3.2 公分，先端漸尖，全緣。花莖較葉長，花多排成疏散的總狀聚繖花序，分枝 5～12 個，花白色帶黃，淡紫斑點。外輪花被倒卵形或橢圓形，先端微凹，波狀緣，中脈上有隆起的黃色雞冠狀附屬物。內輪花被顏色單一。雄蕊 3 枚，花絲淡藍色。子房紡錘形，

花柱 3，分枝扁平，先端 2 裂。蒴果橢圓形，長 2.5～3 公分，直徑 1.2～1.5 公分。種子黑褐色，為不規則多面體。

【藥用】

根莖為喉科要藥，有瀉下通便、清涼解毒、消炎止痛之效，治扁桃腺炎、單雙蛾、胎毒、肋膜炎等。全草能清熱解毒、消腫止痛，治肝炎、肝腫大、肝區痛、食積脹滿、咽喉腫痛、跌打損傷等。

【方例】

● 治肝脾腫大：青皮 4 錢，扁竹根、香附子、檳榔、土沉香、青木香各 3 錢，泡酒或煎水服。（《萬縣中草藥》）

● 治急性黃疸型肝炎：車前草、茵陳各 1 兩，蝴蝶花根 5 錢，煎水服。（《安徽中草藥》）

● 治小兒發熱：佛甲草 3 錢、蝴蝶花根 2 錢，水煎服。（《湖南藥物誌》）

● 治喉痛：白尾蝶花頭、鹽酸仔草、葉下紅、百正草各 20 公分，絞汁兌冬蜜服。（《臺灣植

物藥材誌 (三)》)

* 治喉症、胎毒：白尾蝶花頭 40 ～ 75 公分，
搗汁，兌冬蜜或冰糖，或水煎汁，兌冬蜜服。
(《臺灣植物藥材誌 (三)》)

* 治咽喉發炎、扁桃腺肥大、溫病咽喉痛、熱
咳、痔瘡：山豆根、牛蒡子、炮仔草、忍冬藤、
葉下紅、白 (花) 射干各 10 公分，煎水服。(《臺
灣植物藥材誌 (三)》)

* 治肋膜炎：白尾蝶花頭 75 公分，水加酒少許，
燉赤肉服。(《臺灣植物藥材誌 (三)》)

【實用】

本植物的花大型，可栽培賞花。

蝴蝶花的花特寫

蝴蝶花的花序

編 語

* 本植物的根莖入藥，臺灣民間藥材名為白尾蝶花頭或白 (花) 射干，而大陸多以扁竹根或蝴
蝶花根為藥材名。

蔓藔荷 鴨跖草科 Commelinaceae

學名：*Floscopa scandens* Lour.
別名：節花草、聚花草、水竹菜、水竹葉菜、竹葉藤、塘殻菜、過江竹
分布：臺灣全境低海拔的潮濕地及池塘
花期：5 ～ 10 月

【 形態 】

多年生草本，莖基部匍匐，高 20 ～ 50 公分。單葉互生，葉片橢圓形或近披針形，長 4 ～ 10 公分，寬 1.5 ～ 3 公分，基部漸狹成鞘，先端漸尖，被短柔毛。葉鞘長約 1.3 公分，圓柱形，被毛，開口處被緣毛。花小而多，排成頂生稠密的圓錐花序，長 4 ～ 6 公分，總花梗極短。苞片葉狀，小苞片鱗片狀。萼片 3 枚，倒卵形，被棒狀毛。花瓣 3 片，藍色或紫色，不等長，其中 1 片較狹窄。雄蕊 6 枚，花絲無毛。子房卵形，2 室，花柱線形。蒴果卵圓形，稍壓扁，頂尖。種子半橢圓形，灰白色，具輻射紋。

【 藥用 】

全草有清熱解毒、利水消腫之效，治肺熱咳嗽、瘡癤腫毒、淋巴結腫大、水腫、目赤腫痛、淋證等。

【 方例 】

❀治急性腎炎：聚花草、車前草、水燈蕊、馬鞭草各 5 錢，通草 3 錢，水煎服。(《湖南藥物誌》)

蔓藔荷的花序特寫

蔓蘘荷也是水生植物之一

異花莎草 莎草科 Cyperaceae

學名：*Cyperus difformis* L.
別名：球花蒿草、鹹草、紡草、異型莎草、水蜈蚣、香附、王母釵、五粒關、三方草
分布：臺灣全境低海拔潮濕地，常見於水田旁或排水不良地區
花期：7 ～ 10 月

【形態】

一年生草本，高 10 ～ 60 公分，鬚根多數，稈叢生，三稜柱狀，光滑。葉基生，短於稈，葉片長 5 ～ 30 公分，寬 0.2 ～ 0.5 公分。葉鞘筒狀癒合。長側枝聚繖花序簡單，少有複出，輻射枝 3 ～ 9，最長約 2.5 公分，或有時近無花梗，小穗多數密生。葉狀苞片線形，2 ～ 3 枚，較花序長。小穗長 0.3 ～ 1 公分，線形，扁平，含 10 ～ 30 朵小花，排成輪狀。穎片倒卵形，全緣，稜脊綠色。花柱極短，柱頭 3 歧。瘦果淡褐色，

異花莎草的花序特寫

長約 0.1 公分，三稜狀倒卵形，橫皺紋顯著。

【藥用】

帶根全草有行氣活血、利尿通淋之效，治熱淋、小便不利、跌打損傷、吐血等。

【方例】

❀治吐血：(王母釵)乾根 1 兩，燒存性研末，泡溫鹽湯服。(《泉州本草》)

❀治熱淋、小便赤澀：(王母釵)鮮根 2 兩，水煎服。(《泉州本草》)

❀治跌打損傷：(王母釵)鮮根約 1 兩，合豬赤肉，以酒代水煎服，1 ～ 2 次。(《泉州本草》)

異花莎草喜生於水邊潮濕地

異花莎草也是常見雜草之一

碎米莎草 莎草科 Cyperaceae

學名：*Cyperus iria* L.
別名：三楞草、三輪草、四方草、三方草、米莎草、水三稜、(小) 三稜草、野蓆草
分布：臺灣全境低海拔潮濕地，常見於水田旁或排水不良地區
花期：幾乎全年

碎米莎草的花序特寫 (圖中尺規最小刻度為 0.1 公分)

【 形 態 】

　　一年生直立草本，高 20 ～ 60 公分，稈叢生，纖細，扁三稜形，全株光滑。葉基生，短於稈，葉片狹線形，長 5 ～ 30 公分，寬 0.2 ～ 0.5 公分。葉鞘紅色或略帶紅棕色，包被稈之下部，呈膜質。聚繖花序近繖房狀，頂生，具 4 ～ 9 個長側枝狀的輻射枝，有小穗 5 ～ 22 枚，著生於延長的穗軸上。葉狀苞片 3 ～ 5 枚，基部紅棕色，下面 2 ～ 3 枚較花序長。小穗長 0.5 ～ 1.3 公分，闊卵形或卵狀橢圓形，平展斜開，多數，密生成線形，排成 2 輪，黃色。瘦果長約 0.1 公分，卵圓形，三稜狀，熟時褐色。

【 藥 用 】

　　全草有祛風除濕、活血調經、利尿、止痛之效，治風濕筋骨痛、跌打損傷、癰瘓、月經不調、經痛、經閉、砂淋、水濕浮腫等。

【 方 例 】

❀治風寒濕痺，肌肉、筋骨疼痛：三楞草、箭羽舒筋草各 1 兩，透骨消、川芎、羌活、蒼朮各 3 錢，水煎服。(《四川中藥誌》1982 年)

❀治風濕筋骨疼痛：三稜草 2 兩，當歸、威靈仙、桑枝各 1 兩，泡酒服。(《秦嶺巴山天然藥物誌》)

❀治月經不調：三楞草 5 錢，當歸、茴香根、益母草各 3 錢，水煎服。(《秦嶺巴山天然藥物誌》)

❀治經痛：三稜草 4 錢，牛膝、台烏各 3 錢，

水煎服。(《秦嶺巴山天然藥物誌》)

- 治經閉：三稜草 5 錢，雞屎藤 4 錢，紅澤蘭、當歸各 3 錢，水煎服。(《秦嶺巴山天然藥物誌》)

- 治跌打損傷：三稜草 1 兩，當歸、木通、透骨消各 5 錢，泡酒服。(《秦嶺巴山天然藥物誌》)

碎米莎草的群落，多見於潮濕地、溝渠及水田邊。

碎米莎草的葉狀苞片基部呈紅棕色 (箭頭處)，爲其辨識特徵之一。

水毛花 莎草科 Cyperaceae

學名：*Schoenoplectus mucronatus* (L.) Palla
別名：三角草、水三稜草、絲毛草、三稜觀
分布：臺灣全境低、中海拔湖沼、池塘、濕地等，最高可達海拔 2000 公尺左右
花期：5～9月

【 形 態 】

　　多年生草本，高 60～100 公分，地下根莖粗短，有細長鬚根。稈三角形，較粗壯，密集叢生，基部有葉鞘 2～4 枚，無葉片。花序假側生，由 3～9 個小穗聚集成頭狀。苞片 1 枚，為稈的延伸，直立。小穗長橢圓形至披針形，長 1～2 公分，寬約 0.5 公分，有多數花。鱗片長圓狀卵形，長約 0.5 公分，淡棕色，先端短尖，上部邊緣具微毛。雄蕊 3 枚，花藥線形。柱頭 3 叉。瘦

乾枯即將結果的花序特寫 (圖中尺規最小刻度為 0.1 公分)

水毛花的花序

果寬倒卵形，扁三稜狀，長 0.2 ～ 0.25 公分，熟時棕黑色，有光澤，具不明顯的皺紋。

【藥用】

根有清熱、利濕、解毒之效，治熱淋、帶下、小便不利、牙齦腫痛等。全草能清熱解表、宣肺止咳，治感冒發熱、咳嗽等。

【方例】

❀治胃火牙痛：蒲草根、苦蕎頭、地骨皮、牡蒿各 5 錢，水煎服。(《四川中藥誌》1982 年)

❀治濕熱帶下：蒲草根、三白草各 1 兩，水煎服。(《四川中藥誌》1982 年)

❀治熱淋、小便不利：蒲草根、石韋、海金沙各 1 兩，水煎服。(《四川中藥誌》1982 年)

【實用】

常見的水生池造景植物。

水毛花喜生於湖沼或池塘之潮濕地

編 語
❀本植物的根入藥，其常見藥名有蒲草根、蕭草根 (四川)，或大燈蕊 (貴州)。

斷節莎 莎草科 Cyperaceae

學名：*Torulinium odoratum* (L.) S. Hooper
別名：刷子草、芳香莎草
分布：臺灣全境平野稻田、溝渠、池塘邊等潮濕地區
花期：3～8月

【形態】

一年生直立草本，高 30～100 公分，莖單出或少數叢生，三角形，基部成球狀膨大。葉鞘紫棕色。葉片較稈短，線形，長 30～70 公分，寬 0.4～1 公分。複繖房花序，具 5～12 個輻射枝。葉狀苞片 6～8 枚，最下面的可長達 50 公分，較花序長。小穗細長，長 2～3 公分，長橢圓形，先端銳尖，老熟後會由尖銳處一節節地逐漸脫落 (可能是其斷節莎名稱之由來)。花黃綠色，熟時棕黃色，花梗具翅。瘦果長約 0.18 公分，長橢圓狀卵形，三稜狀，黃色，柄黑色。

【藥用】

全草煮茶飲，能利尿、解暑，治夏日中暑、小便不利等。

【實用】

本植物的花序大型，可考慮應用於園藝造景。

斷節莎的花序特寫

斷節莎是潮濕地常見的植物之一

編　語

❋種（小）名 *odoratum* 為芳香之意，即指本植物體能散發出淡淡的清香。

水菖蒲 天南星科 Araceae

學名：*Acorus calamus* L.
別名：(大葉) 菖蒲、泥菖蒲、土菖蒲、香蒲、臭蒲、白菖、蒲劍、
　　　水八角草
分布：臺灣全境平地至山區稻田、池塘、溝渠可見
花期：2～9月

水菖蒲已經結成果實狀的花序

【形態】

多年生草本，高可達120公分，根莖橫走，稍扁，具香氣。葉基生，基部兩側膜質，葉鞘寬約0.5公分，向上漸狹；葉片劍狀線形，長90～150公分，寬1.5～2.5公分，基部寬，中部以上漸狹，全緣，中脈於兩面都明顯隆起，側脈3～5對，平行，纖細，大多延伸到葉尖。肉穗花序近直立，狹錐狀圓柱形，長4～8公分，花序柄三稜形，長15～50公分。佛焰花苞呈葉狀，線形，長30～40公分。花黃綠色，花被6枚。雄蕊6枚。子房長圓柱形，柱頭單一。漿果

水菖蒲的根莖橫走

長圓形，紅色。

【藥用】

根莖有辟穢開胸、宣氣逐痰、解毒殺蟲、鎮痛祛風、健脾利濕之效，治癲癇、中風、驚悸、健忘、神志不清、泄瀉、痢疾、食積腹痛、耳鳴、耳聾、風濕疼痛、濕疹、癰腫疥瘡等。

【方例】

❀ 治健忘、驚悸、神志不清：龜板 5 錢，菖蒲、遠志、茯苓、龍骨各 3 錢，共研細末，每次服 1.5 錢，每日 3 次。(《山東中草藥手冊》)

❀ 治腹脹、消化不良：香附 4 錢，菖蒲、萊菔子 (炒)、神麴各 3 錢，水煎服。(《山東中草藥手冊》)

❀ 治痰阻心竅、神志不清：菖蒲、遠志、天竹黃各 3 錢，水煎服。(《寧夏中草藥手冊》)

❀ 治風寒濕痺：水菖蒲、防風各 3 錢，桂枝 2 錢，水煎服。(《西寧中草藥》)

❀ 治慢性胃炎、食慾不振：菖蒲、蒲公英各 3 錢，陳皮、草豆蔻各 2 錢，水煎服。(《內蒙古中草藥》)

【實用】

本植物常應用於水生植物池之造景。又葉形如劍，且具芳香，於端午節時，民間常取其葉與艾草、榕樹葉綑綁一起，懸掛於門前以避邪驅魔。

水菖蒲常應用於水生植物池之造景

石菖蒲 天南星科 Araceae

學名：*Acorus gramineus* Soland.
別名：石菖、溪菖、(苦)菖蒲、石蜈蚣、金錢蒲、莪韮、鐵蘭、水劍草
分布：臺灣全境低至中海拔河岸、山澗潮濕有流水的石隙上
花期：1～4月

石菖蒲初生果穗之特寫

石菖蒲喜生於山澗潮濕有流水的石隙上

【形態】

多年生草本，根莖橫臥，全株具香氣，根莖上部分枝甚密，因而植株成叢生狀。葉基生，葉片線形，長 30～45 公分，寬 0.4～0.7 公分，先端漸尖，全緣，基部對折，中部以上平展，中脈無，平行脈多數，稍隆起。肉穗花序圓柱狀，上部漸尖，直立或稍彎，長 5～10 公分，多花，黃色，花序柄扁三角形，長 10～15 公分，綠色。

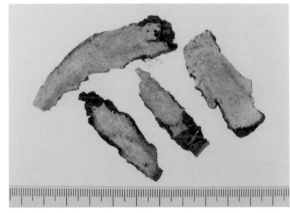

常用中藥材「石菖蒲」(圖中尺規最小刻度爲0.1公分)

佛焰花苞呈葉狀，長 12～20 公分，寬 0.2～0.5 公分。花被 6 片，先端圓形。花藥黃色。漿果卵球形，幼果綠色，熟時黃綠色或黃白色。種子基部被毛。

【藥用】

根莖 (藥材稱石菖蒲，為常用中藥材之一) 味辛、苦，性微溫，內服常用劑量為 1 ～ 2 錢。有化痰開竅、理氣止痛、祛風除濕、醒神益智之效，治脘腹脹痛、脘痞不飢、噤口痢、熱病神昏、痰厥、健忘、癲癇、耳聾、耳鳴、風濕、跌打、疥癬等。

石菖蒲的花序上已開始結果實了

編　語

❊ 菖蒲始載於《神農本草經》，被列為上品藥，其正品來源植物即為本種。

犁頭草

天南星科 Araceae

學名：*Typhonium blumei* Nicolson & Sivadasan

別名：土半夏、青半夏、生半夏、山半夏、(大葉) 半夏、
　　　甕菜廣、芋頭草、土巴豆、獨腳蓮、犁頭尖

分布：臺灣全境平地至低海拔山區可見

花期：2 ～ 5 月

犁頭草葉片形如犁之犁頭，故名。

【 形 態 】

　　多年生草本，塊莖近橢圓形，褐色，具環節，節間有黃色根痕，頸部生長 1 ～ 4 公分黃白色纖維狀鬚根。單葉根生，柄長 10 ～ 30 公分，葉片戟狀三角形，長 5 ～ 13 公分，寬 3 ～ 8 公分，呈三裂狀，中裂片廣卵形，短漸尖頭，二側裂片三角形，鈍頭。肉穗花序，花序柄自葉腋抽出，長 8 ～ 11 公分。佛焰花苞管部綠色，卵形，檐部綠紫色，捲成長角狀，盛花時展開，後仰，中部以上驟狹成帶狀下垂。雄花序鼠尾狀，雌花序圓錐形。中性花線形，兩頭黃色，腰部紅色。漿果卵圓形。種子球形。

【 藥 用 】

　　全草有散瘀解毒、消腫止痛之效，治跌打損傷、外傷出血、癰腫等。塊根能祛痰、解毒，治胃潰瘍、咳嗽、癰瘡腫毒、毒蛇咬傷、骨折等。鮮葉能抗癌，治喉癌。

【 方 例 】

❀治癰癤腫毒：犁頭尖鮮塊莖與生酒糟搗爛，
　炒熱外敷。(《廣西本草選編》)

❀治血管瘤：犁頭尖鮮塊莖用米酒磨汁，外塗，
　每日 3 ～ 4 次。(《全國中草藥匯編》)

❀治面頸生瘡：土半夏適量，用醋磨，塗換處。
　(《廣西民間常用中草藥手冊》)

開花的犁頭草

✿治甲邊疔、蛇傷：青半夏、三腳別、五爪龍、水豬母乳及蒲公英共搗，敷患處。(《臺灣植物藥材誌(三)》)

犁頭草的塊莖常被誤用成中藥材「半夏」(圖中尺規最小刻度為 0.1 公分)

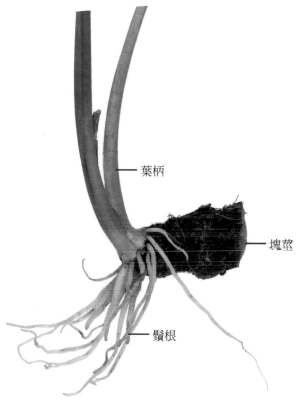

葉柄

塊莖

鬚根

犁頭草的塊莖、鬚根及葉柄

編 語

✿本植物全株有毒，一般外用，少作內服，孕婦禁服，誤食會出現舌喉麻辣、頭暈、嘔吐或意識不清(神經毒)等症狀。

犁頭草正含苞待放

閉鞘薑 薑科 Zingiberaceae

學名：*Costus speciosus* (Koenig) Smith
別名：絹毛鳶尾、玉桃、虎子花、水蕉花、(白)石筍、廣東商陸、觀音薑
分布：臺灣中、南部郊野至低海拔山區
花期：7～11月

閉鞘薑的葉鞘封閉

閉鞘薑帶根的地下根莖

閉鞘薑的莖葉排列，有時像個迴旋梯，很具特色。

【形態】

多年生草本，高1～2公尺，老枝常分枝。單葉互生，葉片披針形，長10～20公分，寬5～7公分，基部近於圓形，先端漸尖或尾狀漸尖，下表面密被絹毛。葉鞘筒狀，不開裂。穗狀花序頂生，密集，長5～15公分。苞片長約1.5公分，卵形，先端銳尖，密被絹毛，每苞片有花一朵。花萼革質，紅色，長1.8～2公分，3裂。花冠筒長約1公分，裂片長約5公分，唇瓣長6～9公分，廣倒卵形，先端具裂齒，白色至淡粉紅色。雄蕊花瓣狀，長約4.5公分。蒴果稍木質，長約1.3公分，胞背開裂。

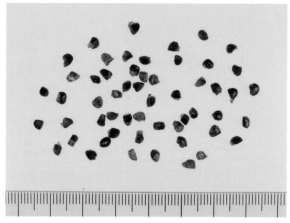

閉鞘薑的種子黑色，長約 0.3 公分 (圖中尺規最小刻度爲 0.1 公分)。

閉鞘薑的花

閉鞘薑的初生蒴果

【藥用】

　　根莖 (藥材稱樟柳頭) 有利水消腫、清熱解毒、拔膿生肌之效，治水腫臌脹、小便不利、膀胱濕熱、白濁、無名腫毒、麻疹不透、跌打扭傷、癰腫惡瘡等。

【方例】

🌸 治百子疾 (臌脹)：樟柳頭 (白色者)1 ～ 2 兩，和豬肝煎服。(《嶺南采藥錄》)

🌸 治急性腎炎水腫：閉鞘薑、白茅根、玉米鬚各 5 錢，車前草、仙鶴草、水丁香各 3 錢，水煎服。(臺灣)

🌸 治陽萎：閉鞘薑 1 ～ 2 兩，豬腎 1 個，燉熟服湯食肉。(《壯族民間用藥選編》)

閉鞘薑的成熟蒴果 (圖中尺規最小刻度爲 0.1 公分)

薑

薑科 Zingiberaceae

學名：*Zingiber officinale* Roscoc
別名：薑仔、川薑、乾薑、子薑、生薑、紫薑
分布：臺灣各地皆有栽培
花期：7～9 月

薑田排列整齊

【形態】

多年生草本，地下根莖成塊狀，淡黃色，外被紅色鱗片，具辛辣味。葉互生，排成 2 列，幾乎抱莖，葉片線狀披針形，長 15～25 公分，寬 2～3 公分，先端漸尖，基部狹。葉舌光滑，微 2 裂。花序長約 4.5 公分，花莖長約 12 公分，纖細。苞片綠色，近邊緣較淡，小苞片與苞片等長。花冠筒 3 裂，黃色，背部裂片向花藥上彎曲，頂端窄形，兩側裂片較窄；唇瓣 3 裂，中裂片近圓形，深紫色，基部具斑點，二側裂片離生，顏色和中裂片相同。花萼呈短筒狀。花藥乳黃色。子房 3 室。蒴果含種子多數。

【藥用】

生薑 (新鮮根莖，味辛，性溫) 有溫中散寒、祛風利濕、祛痰解表、健胃止嘔、消瘀之效，治風寒感冒、嘔吐、脹滿、消化不良、風濕疼痛等。乾薑 (根莖的乾燥品，味辛，性熱) 能溫中去寒、散瘀止痛、回陽通脈，治心腹冷痛、嘔吐、泄瀉、肢冷脈微、風寒濕痺等。炮薑 (乾薑的炮製品，味苦、辛，性溫) 能溫中止瀉、溫經止血，治虛寒性脘腹疼痛、嘔吐、瀉痢、吐血、便血、崩漏等。薑炭 (乾薑經炒炭形成的炮製品，味苦、辛、澀，性溫) 能溫經止血、溫脾止瀉，治虛寒性吐血、便血、崩漏、陽虛泄瀉等 (有報導指出乾薑於 220℃製成炮薑後，揮發油含量下降不顯著，但薑炭炮製溫度超過 300℃，揮發油含量下降約 57%，而炮薑與薑炭所含成分卻大致相同，但與乾薑有明顯差異)。薑皮 (根莖外皮，味辛，性涼) 能行水、消腫、和脾胃，治水腫初起、小便不利。薑葉 (莖及葉，味辛，性溫) 能活血、散結，治癥積、跌打瘀血等。

【方例】

- 治面目水腫：薑皮、橘皮各 1～2 錢，桑白皮、茯苓皮、大腹皮各 3 錢，水煎服。(《浙江藥用植物誌》)
- 治牙痛：雄黃 3 錢，乾薑 1 兩，上為細末，

搔之立止。(《萬病回春》)

✿ 治感冒風寒：生薑5片，紫蘇葉1兩，水煎服。
（《本草匯言》）

【實用】

本植物的根莖為調味聖品，可生食、炒食、煮湯、醃漬等，或用於煮海鮮去腥味。

薑為常見的辛香料作物

薑的地下根莖

編　語

✿ 薑的根莖因採收期不同，可分為 (1) 幼嫩白黃色者稱「嫩薑」；(2) 半成熟，莖皮淡褐色，光滑肥大飽滿者稱「粉薑」；(3) 老熟後結實硬化，纖維變粗者稱「老薑」。其中以「老薑」的辛辣味最強。而通常供繁殖用者稱「薑母」，陰乾者稱「乾薑」。

參 考 文 獻

（※ 依作者或編輯單位筆劃順序排列）

（一）本草學及醫學
- 王付等，2004，經方配伍用藥指南，北京：中國中醫藥出版社。
- 朱橚（明）撰、洪心容補遺，2005，救荒本草，臺中市：文興出版事業有限公司。
- 行政院衛生署中華藥典中藥集編修小組，2004，中華中藥典，臺北市：行政院衛生署。
- 吳其濬（清），1991，植物名實圖考長編，臺北市：世界書局。
- 吳其濬（清），1992，植物名實圖考，臺北市：世界書局。
- 李時珍（明），1994，本草綱目，臺北市：國立中國醫藥研究所。
- 那琦、謝文全、李一宏輯校，1989，重輯嘉祐補註神農本草[宋·掌禹錫等]，臺中市：私立中國醫藥學院中國藥學研究所。
- 那琦、謝文全、林豐定輯校，1998，重輯開寶重定本草[宋·劉翰、馬志等]，臺中市：私立中國醫藥學院中國藥學研究所。
- 那琦、謝文全、林麗玲輯校，1988，重輯本草拾遺[唐·陳藏器]，臺中市：華夏文獻資料出版社。
- 尚志鈞輯校，1998，開寶本草[宋·劉翰、馬志等]輯復本，合肥：安徽科學技術出版社。
- 岡西為人，1982，重輯新修本草[唐·蘇敬等]，臺北市：國立中國醫藥研究所。
- 胡乃長、王致譜輯注，1988，圖經本草[宋·蘇頌]輯復本，福州：福建科學技術出版社。
- 唐慎微等（宋），1976，重修政和經史證類備用本草（金·張存惠重刊），臺北市：南天書局有限公司。
- 唐慎微等（宋），1977，經史證類大觀本草（柯氏本），臺南市：正言出版社。
- 國家中醫藥管理局《中華本草》編委會，1999，中華本草(1～10冊)，上海：上海科學技術出版社。
- 寇宗奭（宋），1987，本草衍義（重刊），臺中市：華夏文獻資料出版社。
- 曹暉校注，2004，本草品匯精要[明·劉文泰等纂修]校注研究本，北京：華夏出版社。
- 趙學敏（清），1985，本草綱目拾遺，臺北市：宏業書局有限公司。
- 謝文全，2004，本草學，臺中市：文興出版事業有限公司。
- 謝文全、李妍樺輯校，2000，重輯重廣英公本草[偽蜀·韓保昇等撰]，臺中市：私立中國醫藥學院中國藥學研究所。
- 謝文全、黃耀聰輯校，2002，重輯經史證類備急本草[宋·唐慎微等撰]，臺中市：私立中國醫藥學院中國藥學研究所。
- 關培生校訂，2003，嶺南采藥錄[民國·蕭步丹]，香港：萬里書店。
- 蘭茂（明），1975～1978，滇南本草(1～3卷)，昆明：雲南人民出版社。
- 顧觀光輯（清），2006，神農本草經[後漢]，臺中市：文興出版事業有限公司。

（二）藥用植物學及藥材學
- 丁景和等，1998，藥用植物學，上海：上海科學技術出版社。

- 方鼎、沙文蘭、陳秀香、羅金裕、高成芝、陶一鵬、覃德海，1986，廣西藥用植物名錄，南寧：廣西人民出版社。
- 甘偉松，1964 ~ 1968，臺灣植物藥材誌 (1 ~ 3 輯)，臺北市：中國醫藥出版社。
- 甘偉松，1985，臺灣藥用植物誌 (卷上)，臺北市：國立中國醫藥研究所。
- 甘偉松，1991，藥用植物學，臺北市：國立中國醫藥研究所。
- 江蘇新醫學院，1992，中藥大辭典 (上、下冊)，上海：上海科學技術出版社。
- 林宜信、張永勳、陳益昇、謝文全、歐潤芝等，2003，臺灣藥用植物資源名錄，臺北市：行政院衛生署中醫藥委員會。
- 林宜信、黃冠中、張永勳，2009，臺灣水生藥用植物圖鑑，臺北市：行政院衛生署中醫藥委員會。
- 邱年永，2004，百草茶植物圖鑑，臺中市：文興出版事業有限公司。
- 邱年永、張光雄，1983 ~ 2001，原色臺灣藥用植物圖鑑 (1 ~ 6 冊)，臺北市：南天書局有限公司。
- 洪心容、黃世勳，2006，臺灣婦科病藥草圖鑑及驗方，臺中市：文興出版事業有限公司。
- 洪心容、黃世勳，2007，實用藥草入門圖鑑，臺中市：展讀文化事業有限公司。
- 徐國鈞，1998，常用中草藥彩色圖譜，福州：福建科學技術出版社。
- 高木村，1985 ~ 1996，臺灣民間藥 (1 ~ 3 冊)，臺北市：南天書局有限公司。
- 張永勳等，2000，臺灣原住民藥用植物彙編，臺北市：行政院衛生署中醫藥委員會。
- 許鴻源，1972，臺灣地區出產中藥藥材圖鑑，臺北市：行政院衛生署中醫藥委員會。
- 舒普榮，2001，常用中草藥彩色圖譜與驗方，南昌：江西科學技術出版社。
- 雲南省藥材公司，1993，雲南中藥資源名錄，北京：科學出版社。
- 黃世勳，2009，彩色藥用植物解說手冊，臺中市：臺中市藥用植物研究會。
- 黃世勳，2009，臺灣常用藥用植物圖鑑，臺中市：文興出版事業有限公司。
- 黃冠中、黃世勳、洪心容，2009，彩色藥用植物圖鑑：超強收錄 500 種，臺中市：文興出版事業有限公司。
- 黃燮才，1994，中國民間生草藥原色圖譜，南寧：廣西科學技術出版社。
- 劉波，1984，中國藥用真菌，山西：山西人民出版社。
- 蕭培根、連文琰等，1998，原色中藥原植物圖鑑 (上、下冊)，臺北市：南天書局有限公司。
- 閻文玫等，1999，實用中藥彩色圖譜，北京：人民衛生出版社。
- 謝文全等，2002 ~ 2004，臺灣常用藥用植物圖鑑 (1 ~ 3)，臺北市：行政院衛生署中醫藥委員會。
- 謝宗萬等，1996，全國中草藥匯編 (上、下冊)，北京：人民衛生出版社。

(三) 植物學

- 中國科學院植物研究所，1972 ~ 1983，中國高等植物圖鑑 (1 ~ 5 冊) 及補編 (1、2 冊)，北京：科學出版社。
- 中國科學院植物研究所，1991，中國高等植物科屬檢索表，臺北市：南天書局有限公司。
- 呂福原、歐辰雄，1997 ~ 2001，臺灣樹木解說 (1 ~ 5 冊)，臺北市：行政院農業委員會。
- 沈明雅等，2002，屏東縣植物資源，南投縣：行政院農業委員會特有生物研究保育中心。
- 周文能、張東柱，2005，野菇圖鑑：臺灣 400 種

常見大型真菌圖鑑,臺北市:遠流出版事業股份有限公司。

· 侯寬昭等,1991,中國種子植物科屬詞典(修訂版),臺北市:南天書局有限公司。

· 姚榮鼐,1996,臺灣維管束植物植種名錄,南投縣:國立臺灣大學農學院實驗林管理處。

· 郭城孟,2001,蕨類圖鑑,臺北市:遠流出版事業股份有限公司。

· 郭城孟、楊遠波、劉和義、呂勝由、施炳霖、彭鏡毅、林讚標,1997～2002,臺灣維管束植物簡誌(1～6卷),臺北市:行政院農業委員會。

· 陳德順、胡大維,1976,臺灣外來觀賞植物名錄,臺北市:台灣省林業試驗所育林系。

· 彭仁傑、許再文、曾彥學、黃士元、文紀鑾、孫于卿,1993,臺灣特有植物名錄,南投縣:臺灣省特有生物研究保育中心。

· 彭仁傑等,1996,臺中縣市植物資源,南投縣:臺灣省特有生物研究保育中心。

· 彭仁傑等,2001,嘉義縣市植物資源,南投縣:行政院農業委員會特有生物研究保育中心。

· 彭仁傑等,2001,臺南縣市植物資源,南投縣:行政院農業委員會特有生物研究保育中心。

· 黃增泉,1997,植物分類學,臺北市:南天書局有限公司。

· 楊再義等,1982,臺灣植物名彙,臺北市:天然書社有限公司。

· 臺灣植物誌第二版編輯委員會,1993～2003,臺灣植物誌第二版(1～6卷),臺北市:臺灣植物誌第二版編輯委員會。

· 劉棠瑞、廖日京,1980～1981,樹木學(上、下冊),臺北市:臺灣商務印書館股份有限公司。

· 鄭武燦,2000,臺灣植物圖鑑(上、下冊),臺北市:茂昌圖書有限公司。

（四）研究報告（依發表時間先後次序排列）

· 那琦、謝文全,1976,重輯名醫別錄[魏晉]全文,私立中國醫藥學院研究年報 7:259-348。

· 甘偉松、那琦、張賢哲,1977,南投縣藥用植物資源之調查研究,私立中國醫藥學院研究年報8:461-620。

· 甘偉松、那琦、江宗會,1978,雲林縣藥用植物資源之調查研究,私立中國醫藥學院研究年報9:193-328。

· 那琦、甘偉松、楊榮季,1978,臺灣產零餘子之生藥學研究,私立中國醫藥學院研究年報9:329-376。

· 甘偉松、那琦、廖江川,1979,臺中縣藥用植物資源之調查研究,私立中國醫藥學院研究年報10:621-742。

· 甘偉松、那琦、許秀夫,1980,彰化縣藥用植物資源之調查研究,私立中國醫藥學院研究年報11:215-346。

· 甘偉松、那琦、江雙美,1980,臺中市藥用植物資源之調查研究,私立中國醫藥學院研究年報11:419-500。

· 甘偉松、那琦、廖勝吉,1982,屏東縣藥用植物資源之調查研究,私立中國醫藥學院研究年報13:301-406。

· 甘偉松、那琦、胡隆傑,1984,苗栗縣藥用植物資源之調查研究,私立中國醫藥學院中國藥學研究所。

· 甘偉松、那琦、張賢哲、蔡明宗,1986,桃園縣藥用植物資源之調查研究,私立中國醫藥學院中國藥學研究所。

· 甘偉松、那琦、張賢哲、廖英娟,1987,嘉義縣藥用植物資源之調查研究,私立中國醫藥學院中國藥學研究所。

· 甘偉松、那琦、張賢哲、李志華,1987,新竹縣

藥用植物資源之調查研究，私立中國醫藥學院中國藥學研究所。

· 甘偉松、那琦、張賢哲、郭長生、施純青，1988，臺南縣藥用植物資源之調查研究，私立中國醫藥學院中國藥學研究所。

· 那琦、謝文全、童承福，1990，嘉祐補注神農本草所引日華子諸家本草之考察，私立中國醫藥學院中國藥學研究所。

· 甘偉松、那琦、張賢哲、黃泰源，1991，高雄縣藥用植物資源之調查研究，私立中國醫藥學院中國藥學研究所。

· 甘偉松、那琦、張賢哲、吳偉任，1993，臺北縣藥用植物資源之調查研究，私立中國醫藥學院中國藥學研究所。

· 甘偉松、那琦、張賢哲、謝文全、林新旺，1994，宜蘭縣藥用植物資源之調查研究，私立中國醫藥學院中國藥學研究所。

· 那琦、謝明村、蔡輝彥、張永勳、謝文全，1995，神農本草經之考察與重輯，私立中國醫藥學院中國藥學研究所。

· 謝文全、謝明村、張永勳、邱年永、楊來發，1996，臺灣產中藥材資源之調查研究（四）花蓮縣藥用植物資源之調查研究，行政院衛生署中醫藥委員會八十六年度委託研究計劃成果報告。

· 謝文全、謝明村、邱年永、黃昭郎，1997，臺灣產中藥材資源之調查研究（五）臺東縣藥用植物資源之調查研究，行政院衛生署中醫藥委員會八十六年度委託研究計劃成果報告。

· 謝文全、謝明村、邱年永、林榮貴，1998，臺灣產中藥材資源之調查研究（六）澎湖縣藥用植物資源之調查研究，行政院衛生署中醫藥委員會八十七年度委託研究計劃成果報告。

· 謝文全、陳忠川、柯裕仁，1999，金門縣藥用植物資源之調查研究，私立中國醫藥學院中國藥學研究所。

· 謝文全、陳忠川、汪維建，2000，連江縣藥用植物資源之調查研究，私立中國醫藥學院中國藥學研究所。

· 謝文全、陳忠川、邱年永、廖隆德，2001，蘭嶼藥用植物資源之調查研究，私立中國醫藥學院中國藥學研究所。

· 謝文全、陳忠川、邱年永、洪杏林，2003，臺灣西北海岸藥用植物資源之調查研究，私立中國醫藥學院中國藥學研究所。

· 謝文全、邱年永、陳銘琛，2003，臺灣東北部藻類藥用植物資源之調查研究，私立中國醫藥學院中國藥學研究所。

· 謝文全、張永勳、邱年永、陳銘琛，2004，臺灣東北海岸藥用植物資源之調查研究，中國醫藥大學中國藥學研究所。

· 謝文全、陳忠川、邱年永、羅福源，2004，臺灣西南海岸藥用植物資源之調查研究，中國醫藥大學中國藥學研究所。

· 謝文全、邱年永、羅福源、陳銘琛，2004，臺灣西南海岸墾丁國家公園藥用植物資源之調查研究，中國醫藥大學中國藥學研究所。

· 謝文全、張永勳、郭昭麟、陳忠川、邱年永、陳金火，2005，臺灣東南海岸藥用植物資源之調查研究，中國醫藥大學中國藥學研究所。

（五）國際 SCI 期刊論文（依發表時間先後次序排列）

· Prakash AO, Saxena V, Shukla S, Tewari RK, Mathur S, Gupta A, Sharma S, Mathur R. Anti-implantation activity of some indigenous plants in rats. *Acta Eur Fertil*. 1985; 16(6): 441-448.

· Akunyili DN, Houghton PJ, Raman A. Antimicrobial activities of the stembark of *Kigelia pinnata*. *J Ethnopharmacol*. 1991; 35(2): 173-177.

- Li H, Li H, Qu X, Zhao D, Shi Y, Guo L, Yuan Z. [Preliminary study on the anti-tubercular effect of *Ottelia alismoides* (L.) Pers.] *Zhongguo Zhong Yao Za Zhi*. 1995; 20(2): 115-6, 128. (Chinese)
- Binutu OA, Adesogan KE, Okogun JI. Antibacterial and antifungal compounds from *Kigelia pinnata*. *Planta Med*. 1996; 62(4): 352-353.
- Han B, Toyomasu T, Shinozawa T. Induction of apoptosis by *Coprinus disseminatus* mycelial culture broth extract in human cervical carcinoma cells. *Cell Struct Funct*. 1999; 24(4): 209-215.
- Moideen SV, Houghton PJ, Rock P, Croft SL, Aboagye-Nyame F. Activity of extracts and naphthoquinones from *Kigelia pinnata* against *Trypanosoma brucei brucei* and *Trypanosoma brucei rhodesiense*. *Planta Med*. 1999; 65(6): 536-540.
- Combeau C, Provost J, Lancelin F, Tournoux Y, Prod'homme F, Herman F, Lavelle F, Leboul J, Vuilhorgne M. RPR112378 and RPR115781: two representatives of a new family of microtubule assembly inhibitors. *Mol Pharmacol*. 2000; 57(3): 553-563.
- Jackson SJ, Houghton PJ, Retsas S, Photiou A. In vitro cytotoxicity of norviburtinal and isopinnatal from *Kigelia pinnata* against cancer cell lines. *Planta Med*. 2000; 66(8): 758-761.
- Weiss CR, Moideen SV, Croft SL, Houghton PJ. Activity of extracts and isolated naphthoquinones from *Kigelia pinnata* against *Plasmodium falciparum*. *J Nat Prod*. 2000; 63(9): 1306-1309.
- Mantena SK, Mutalik S, Srinivasa H, Subramanian GS, Prabhakar KR, Reddy KR, Srinivasan KK, Unnikrishnan MK. Antiallergic, antipyretic, hypoglycemic and hepatoprotective effects of aqueous extract of *Coronopus didymus* Linn. *Biol Pharm Bull*. 2005; 28(3): 468-472.
- Prabhakar KR, Veerapur VP, Parihar KV, Priyadarsini KI, Rao BS, Unnikrishnan MK. Evaluation and optimization of radioprotective activity of *Coronopus didymus* Linn. in gamma-irradiated mice. *Int J Radiat Biol*. 2006; 82(8): 525-536.
- Prabhakar KR, Veeresh VP, Vipan K, Sudheer M, Priyadarsini KI, Satish RB, Unnikrishnan MK. Bioactivity-guided fractionation of *Coronopus didymus*: A free radical scavenging perspective. *Phytomedicine*. 2006; 13(8): 591-595.
- Busnardo TC, Padoani C, Mora TC, Biavatti MW, Fröde TS, Bürger C, Claudino VD, Dalmarco EM, Souza MM. Anti-inflammatory evaluation of *Coronopus didymus* in the pleurisy and paw oedema models in mice. *J Ethnopharmacol*. 2009 Dec 22. [Epub ahead of print]

（六）民間藥方
- 周萍等，2002，中國民間百草良方，長沙：湖南科學技術出版社。
- 孟昭全、張鳳印、張呈淑，2000，實用民間土單驗秘方一千首，北京：中國中醫藥出版社。
- 張湖德等，2000，偏方秘方大全，北京：中醫古籍出版社。
- 楊濟秋、楊濟中，2002，貴州民間方藥集，貴陽：貴州科技出版社。
- 葉橘泉，1977，食物中藥與便方，南京：江蘇人民出版社。
- 臺中市藥用植物研究會，2006，臺灣民間藥草實驗錄，臺中市：文興出版事業有限公司。

· 薛文忠、劉改鳳，2000，一味中藥巧治病，北京：
  中國中醫藥出版社。

（七）其他
· 丘應模，1988，臺灣之經濟作物，臺北市：臺灣
  商務印書館股份有限公司。
· 全中和、林學詩，2002，民俗植物 (花蓮、宜蘭
  地區原住民部落)，花蓮縣：行政院農業委員會
  花蓮區農業改良場。
· 林仲剛，2005，綠野芳蹤 (野綠的實用札記)，
  臺中市：文興出版事業有限公司。
· 洪心容、黃世勳，2002，藥用植物拾趣，臺中市：
  國立自然科學博物館。
· 洪心容、黃世勳、黃啟睿，2004，趣談藥用植物
  (上、下冊)，臺中市：文興出版事業有限公司。
· 許喬木、邱年永，1989，原色野生食用植物圖鑑，
  臺北市：南天書局有限公司。
· 薛聰賢，1999 ～ 2003，臺灣花卉實用圖鑑 (1 ～
  14 輯)，彰化縣：臺灣普綠有限公司。
· 薛聰賢，2000 ～ 2001，臺灣蔬果實用百科 (1 ～
  3 輯)，彰化縣：臺灣普綠有限公司。

中 文 索 引

(※ 依筆劃順序排列)

臺灣鄉野藥用植物

外文索引

(※ 依英文字母順序排列)

臺灣鄉野藥用植物

國家圖書館出版品預行編目資料

臺灣鄉野藥用植物 = Medicinal Plants of Taiwan
/ 黃世勳，洪心容合著．— 初版．— 臺中市 :
文興出版，2010.07-
面 ; 公分．—（彩色本草大系 ; 3-）
參考書目：面
含索引
ISBN 978-986-6784-13-2（第 3 輯：平裝）
1. 藥用植物 2. 臺灣

376.15   99011266

彩色本草大系 3 (P003)

臺灣鄉野藥用植物 第 3 輯
Medicinal Plants of Taiwan Volume 3

出版者：文興出版事業有限公司
總公司：臺中市西屯區漢口路 2 段 231 號
電　話：(04)23160278　傳真：(04)22939651
營業部：臺中市西屯區上安路 9 號 2 樓
電　話：(04)24521807　傳真：(04)24513175
E-mail：wenhsin.press@msa.hinet.net
作　者：黃世勳、洪心容
發行顧問：黃文興
發行人：黃世勳
總策劃：賀曉帆、黃世杰、洪維君
美術編輯 / 封面設計：呂姿珊 0926-758872
印　刷：鹿新印刷有限公司
地　址：彰化縣鹿港鎮民族路 304 號
電　話：(04)7772406　傳真：(04)7785942
總經銷：紅螞蟻圖書有限公司
地　址：臺北市內湖區舊宗路 2 段 121 巷 28 號 4 樓
電　話：(02)27953656　傳真：(02)27954100
初　版：西元 2010 年 7 月
定　價：新臺幣 480 元整
I S B N：978-986-6784-13-2

藥用植物盆栽提供專線：0931-431436
青山藥用植物園 ・ 林進文

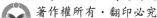
歡迎郵政劃撥

戶名：文興出版事業有限公司　帳號：22539747